Marco Bettner/Erik Dinges

Bruchrechnung in kleinen Schritten

Band 1: Einführung in die Bruchzahlen

PERSEN

Marco Bettner – Rektor als Ausbildungsleiter am Studienseminar Friedberg (Hessen) für das Lehramt an Grund-, Haupt-, Real- und Förderschulen, Lehrbeauftragter am Institut für Mathematikdidaktik der Justus-Liebig-Universität Gießen und Referent in der Lehrerfortbildung, Autor.

Erik Dinges – Rektor an einer Förderschule für Lernhilfe, Lehrbeauftragter am Institut für Mathematikdidaktik der Justus-Liebig-Universität Gießen und Tätigkeit in der Lehrerfortbildung, Autor.

Wir verwenden in unseren Werken eine genderneutrale Sprache, damit sich alle gleichermaßen angesprochen fühlen. Wenn keine neutrale Formulierung möglich ist, nennen wir die weibliche und die männliche Form. In Fällen, in denen wir aufgrund einer besseren Lesbarkeit nur ein Geschlecht nennen können, achten wir darauf, den unterschiedlichen Geschlechtsidentitäten gleichermaßen gerecht zu werden.

In diesem Werk sind nach dem MarkenG geschützte Marken und sonstige Kennzeichen für eine bessere Lesbarkeit nicht besonders kenntlich gemacht. Es kann also aus dem Fehlen eines entsprechenden Hinweises nicht geschlossen werden, dass es sich um einen freien Warennamen handelt.

11. Auflage 2025

AAP Lehrerwelt GmbH
Veritaskai 3
21079 Hamburg
Telefon: +49 (0) 40325083-040
E-Mail: info@lehrerwelt.de
Geschäftsführung: Andrea Fischer, Sandra Saghbazarian
USt-ID: DE 173 77 61 42
Register: AG Hamburg HRB/126335

Autorschaft:	Marco Bettner, Erik Dinges
Covergestaltung:	TSA&B Werbeagentur GmbH, Hamburg
Illustrationen:	Oliver Wetterauer
Satz:	media.design, Neumünster
Druck und Bindung:	Druckerei Joh. Walch GmbH & Co KG, Augsburg

ISBN/Bestellnummer: 978-3-8344-3490-6
www.persen.de

Inhalt

Einführung in das Bruchzahlverständnis

Bruchzahlen sind den Schülerinnen und Schülern aus ihrem alltäglichen Umfeld bekannt: Sie begegnen ihnen beispielsweise bei der Einteilung der Uhr (z. B. $\frac{1}{4}$ Stunde), bei Sportwettkämpfen (z. B. $2\frac{1}{2}$ Runden), beim Einkaufen von Lebensmitteln (z. B. $\frac{1}{2}$ Brot), beim Kochen von Gerichten nach Rezepten (z. B. $\frac{3}{4}$ l Milch) oder etwa beim Verteilen von zwei Tafeln Schokolade auf sechs Personen. Bei der Einführung in das Bruchzahlverständnis kann man somit direkt an die Lebens- und Erfahrungswelt der Schülerinnen und Schüler anknüpfen. Dieser Alltagsbezug ist deshalb von enormer Wichtigkeit, um ihnen später die Lösung von praktischen Problemen des täglichen Lebens zu ermöglichen, wie z. B. das Durchführen von Messungen und das Bewältigen von Rechnungen mit Größen.

Sachinformationen

Ein Bruch beschreibt mathematisch gesehen ein Verhältnis zwischen zwei ganzen Zahlen[1]. Durch das Bilden von Brüchen entsteht aus den natürlichen Zahlen der Bereich der gebrochenen Zahlen.

Brüche haben die Form $\frac{a}{b}$ mit a, b $\in \mathbb{N}$.

Der waagrechte Strich heißt *Bruchstrich*. Die Zahl unter dem Bruchstrich nennt man *Nenner* und die Zahl über dem Bruchstrich *Zähler*. Als *echte* Brüche bezeichnet man dabei Brüche mit $a < b$, als *unechte* Brüche, falls $a \geq b$. Falls $a = 1$ ist, spricht man von Stammbrüchen.

Der Nenner gibt an, in wie viele Teile ein Ganzes oder mehrere Ganze geteilt werden. An dieser Stelle werden zwei Vorstellungen unterschieden: der Bruch als Teil eines Ganzen und als Teil mehrerer Ganzer. Die meisten Bruchzahllehrgänge führen jedoch die Bruchzahlen aus Gründen der leichteren Realisierbarkeit mit der Grundvorstellung als Teile eines Ganzen ein. Der Zähler eines Bruches gibt dann an, wie viele Teile gemeint sind.
Die Aussprache der Bruchzahlen ab „drei“ entsteht durch Anhängen der Endung „-tel“ an die Ordnungszahl (z. B. drei Viertel, zwei Millionstel). „Eintel“ und „Zweitel“ wird aus sprachlichen Gründen meist nicht verwendet. Stattdessen sagt man beispielsweise „zwei durch einhunderteins“ (nicht: „zwei Hunderteintel“) und „fünf Halbe“ (nicht: „fünf Zweitel“).

In dem vorliegenden Band steht der Aufbau eines fundierten Verständnisses von Brüchen und Bruchzahlen im Mittelpunkt. In der Literatur werden vielfach sechs Aspekte beschrieben, die für ein Bruchzahlverständnis wichtig und daher in den Materialien enthalten sind:

- ▹ Zuordnung Bruch → Repräsentant
- ▹ Zuordnung Repräsentant → Bruch
- ▹ Ordnen von Brüchen
- ▹ Äquivalenz von Brüchen
- ▹ Bestimmung der Einheit eines Bruches
- ▹ Kenntnis der Symbolschreibweise von Brüchen

[1] Somit kann dieselbe Bruchzahl durch verschiedene Brüche (Namen) beschrieben werden.

Dabei sind drei Bruchsituationen zu berücksichtigen:

- ▹ Bruchteile eines Ganzen
- ▹ Bruchteil als Anteil
- ▹ Bruchteil als Teil mehrerer Ganzer

Weiterhin werden insgesamt fünf Anwendungsgebiete von Bruchzahlen unterschieden:

- ▹ Maßzahlaspekt (z. B. $\frac{1}{2}$ kg)
- ▹ Relationsaspekt (z. B. „Eine Kartoffel besteht zu $\frac{4}{5}$ aus Wasser.")
- ▹ Operatoraspekt (z. B. „Nimm von $2\frac{1}{2}$ l zunächst $1\frac{1}{4}$ l Sahne.")
- ▹ Skalenwertaspekt (z. B. Wasserstand $1\frac{3}{4}$ m)
- ▹ Quotientenaspekt (z. B. Maßstab)

Dabei spielt der Maßzahlaspekt bei der Anwendung von Bruchzahlen im täglichen Leben die größte Rolle.

Als eine besondere Schwierigkeit hat sich bei der Einführung von Brüchen herausgestellt, dass, obwohl die Zahl im Nenner größer wird, die Bruchteile immer kleiner werden – dies widerspricht den bisherigen Erfahrungen der Schülerinnen und Schüler. Daher wird auf den Arbeitsblättern besonderen Wert auf Veranschaulichungen vielfältiger Art gelegt. Wichtig in diesem Zusammenhang sind:

- ▹ eine einfache, merkmalsarme Veranschaulichung, damit das relevante Merkmal klar erkennbar ist und
- ▹ eine enge Kopplung von Veranschaulichung, verbaler Erläuterung und symbolischer Darstellung.

Besonderen Wert wird auf das Erkennen, Benennen und Herstellen von Bruchteilen gelegt. Dadurch wird gewährleistet, möglichst viele Lernkanäle miteinzubeziehen – auch im Hinblick auf die recht unterschiedliche Lernausgangslage der Schülerinnen und Schüler.

Es existiert eine Vielzahl einsetzbarer Medien, die sich auch für Stundeneinstiege sehr gut eignen:

- ▹ Einsatz des Overheadprojektors:
  Es können z. B. verschiedene Alltagsgegenstände abgebildet und die Frage nach dem „abgeschnittenen" Anteil gestellt werden.
- ▹ Einsatz von Modellen bzw. realen Alltagsgegenständen wie einer Tafel Schokolade oder einem Kuchen
- ▹ Bereitstellung von Bruchteilen (z. B. zersägte runde Frühstücksbrettchen)
- ▹ Durchführen von Schüttversuchen (wie auf Arbeitsblatt 36, S. 41 beschrieben)

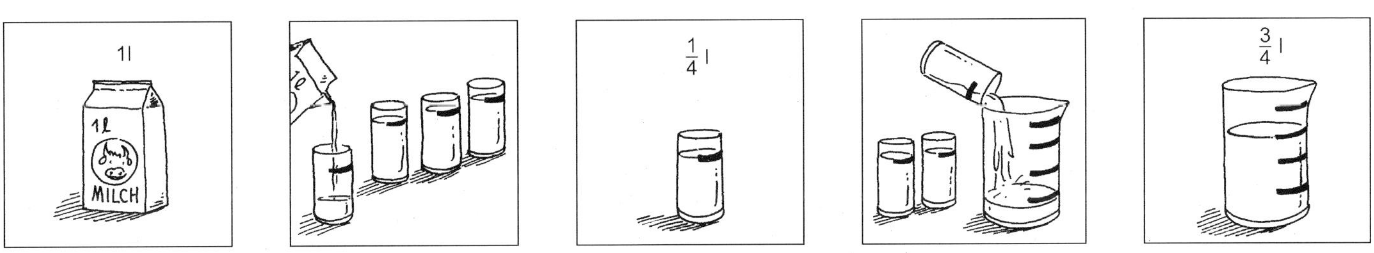

Besonders wichtig ist, zu erwähnen, dass die gewählten Aufgabenstellungen oftmals eine Vielzahl von unterschiedlichen, aber dennoch richtigen Lösungen zulassen – eine Möglichkeit, kreatives Denken zu fördern.
Aus Platzgründen sind im Lösungsteil nicht alle möglichen Lösungen abgebildet.

Halbieren durch Falten und Schneiden 1

✂ Schneide aus: 1 Kreis
2 Quadrate

Schneidevorlage 1 und 2

❶ Halbiere den Kreis durch Falten.
Schneide **eine** Hälfte ab.
Klebe diese hier in den Kreis.

❷ Halbiere die Quadrate durch Falten. Finde zwei verschiedene Möglichkeiten.
Schneide jeweils **eine** Hälfte ab.
Klebe sie hier in die Quadrate.

a)

b)

2

Halbieren durch Falten und Schneiden 2

✂ Schneide aus: 3 Rechtecke
4 Streifen in der richtigen Länge

Schneidevorlage 3 und 4

❶ Halbiere die Rechtecke durch Falten.
Finde verschiedene Möglichkeiten.
Schneide jeweils **eine** Hälfte ab.
Klebe sie hier in die Rechtecke.

a) b) c)

❷ Halbiere die Streifen durch Falten.
Schneide jeweils **eine** Hälfte ab.
Klebe sie hier in die Streifen.
(Achte auf die verschiedenen Längen der Streifen!)

a)

b)

c)

d)

Halbieren von Lebensmitteln

Halbiere!

a)

b)

c)

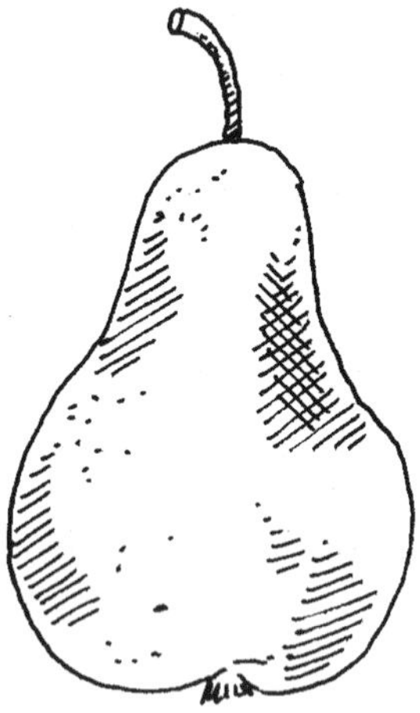

d)

e)

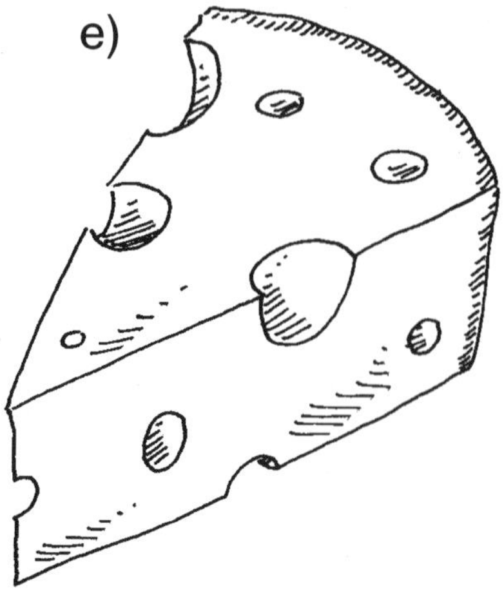

f)

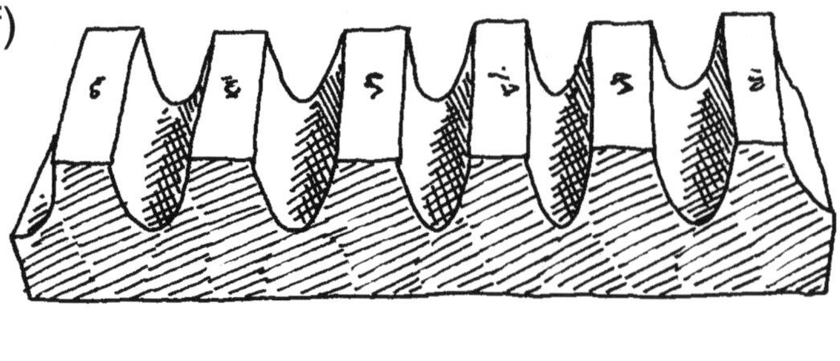

g)

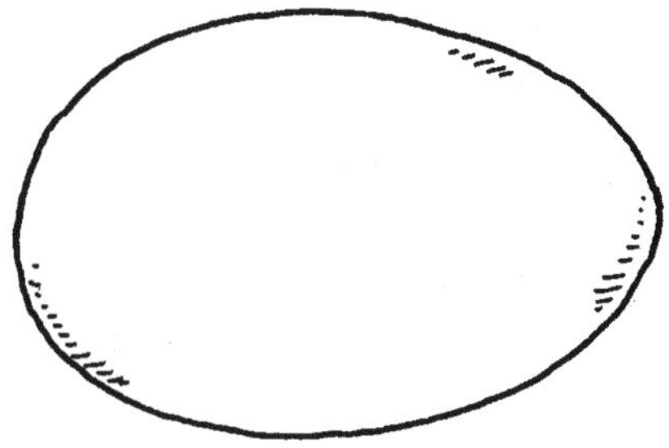

4 Halbieren von Vierecken

Halbiere die Vierecke. Finde verschiedene Möglichkeiten.
Male jeweils **eine** Hälfte an.

a)

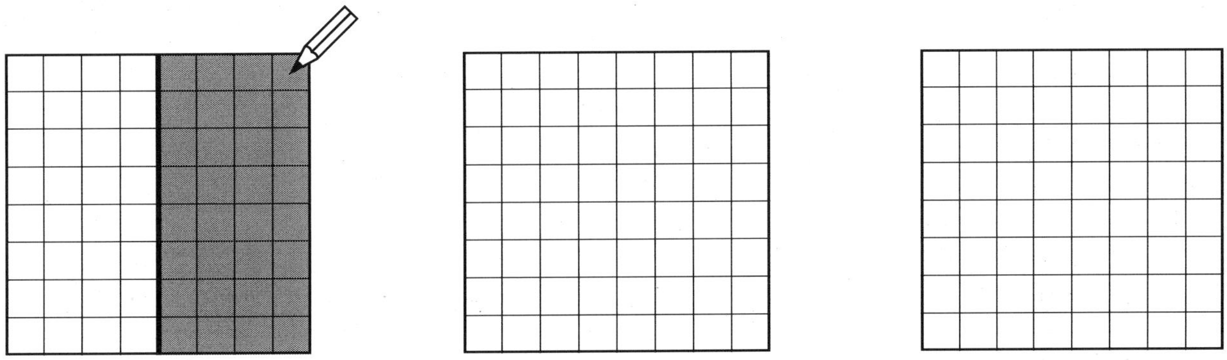

b)

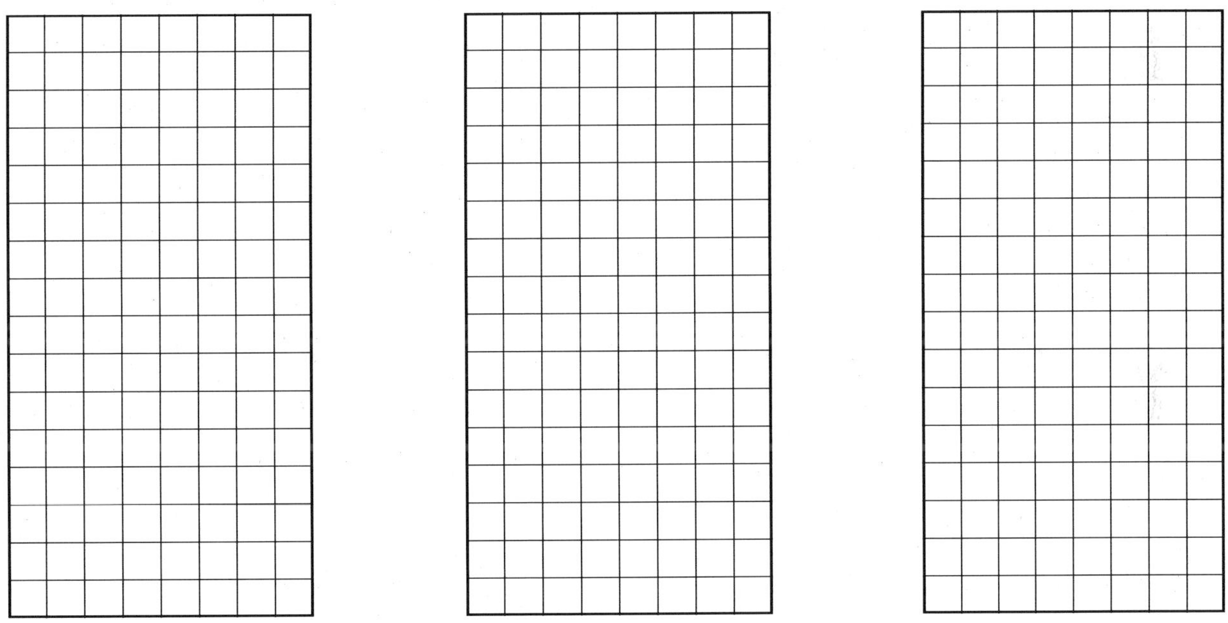

c)

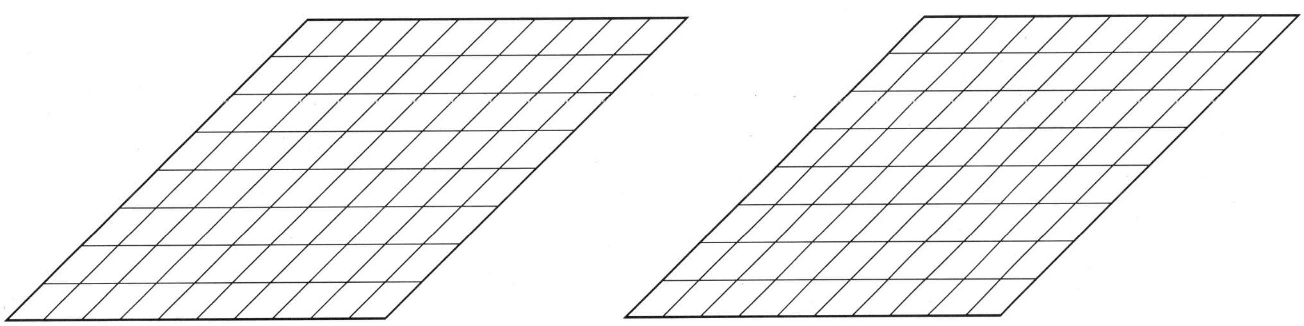

5

Halbieren von Figuren

Halbiere die Figuren.
Male jeweils **eine** Hälfte an.

a)

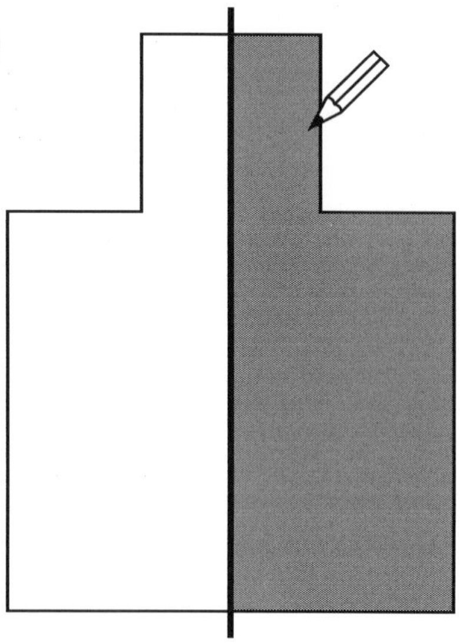

b)

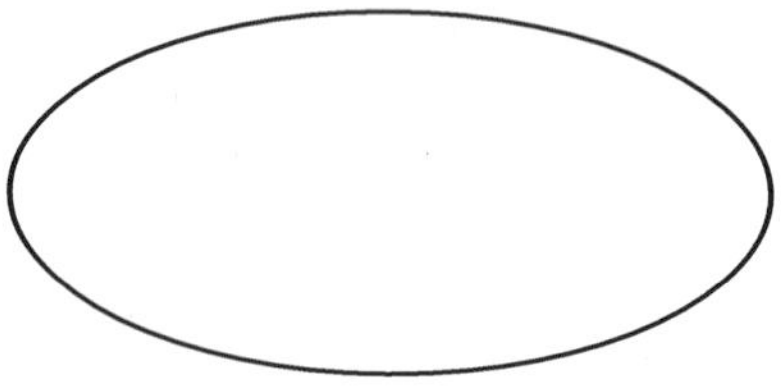

c)

d)

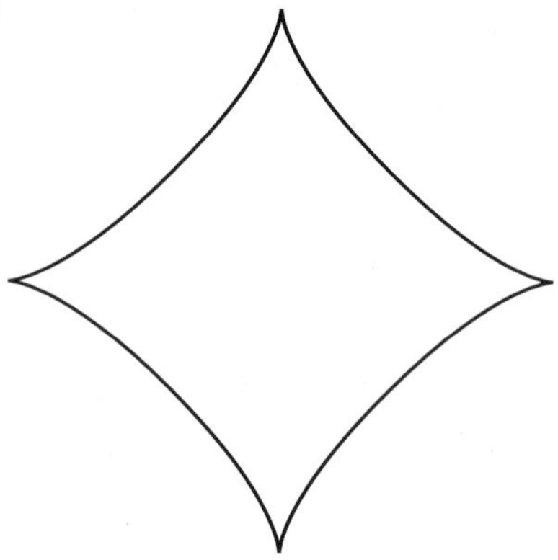

e)

f)

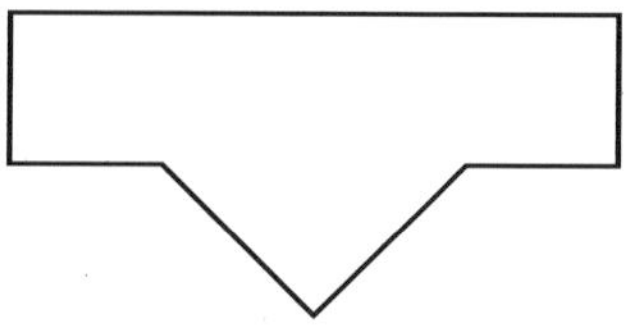

g)

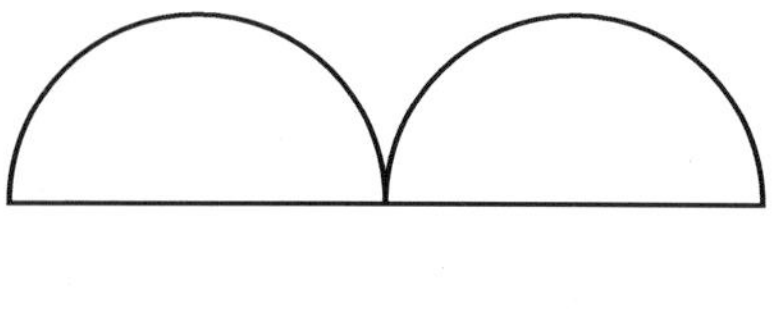

h)

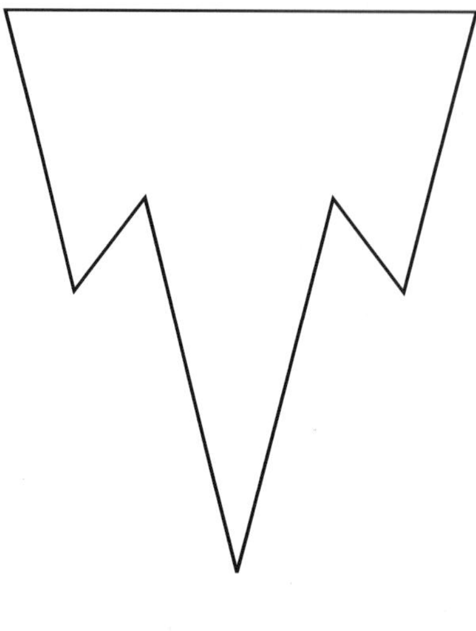

i)

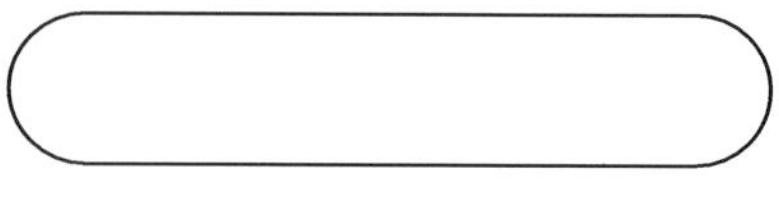

6 Vierteln durch Falten und Schneiden 1

✂ Schneide aus: 1 Kreis
2 Quadrate

Schneidevorlage 1 und 2

❶ Viertle den Kreis durch Falten.
Schneide **ein** Viertel ab.
Klebe dieses hier in den Kreis.

❷ Viertle die Quadrate durch Falten. Finde zwei verschiedene Möglichkeiten.
Schneide jeweils **ein** Viertel ab.
Klebe die Viertel hier in die Quadrate.

a)

b)

7

Vierteln durch Falten und Schneiden 2

✂ Schneide aus: 4 Rechtecke

Schneidevorlage 3

Viertle die Rechtecke durch Falten.
Finde vier verschiedene Möglichkeiten.
Schneide jeweils **ein** Viertel ab.
Klebe die Viertel hier in die Rechtecke.

a)

b)

c)

d)

Vierteln von Lebensmitteln

Viertle!

a)

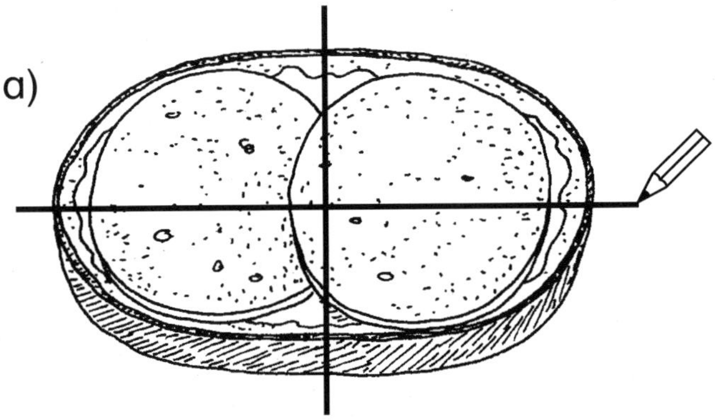

b)

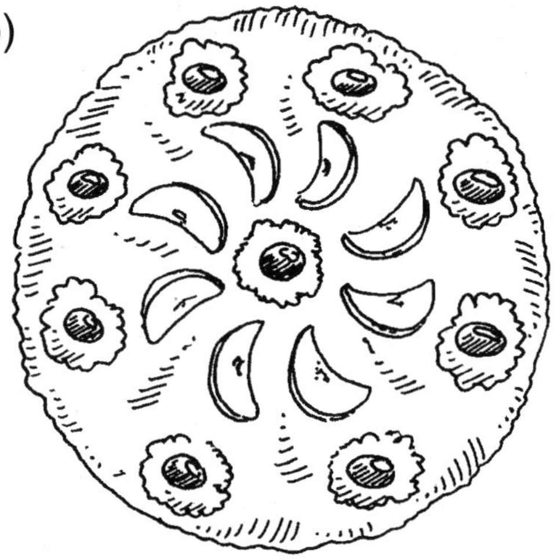

c)

d)

e)

f)

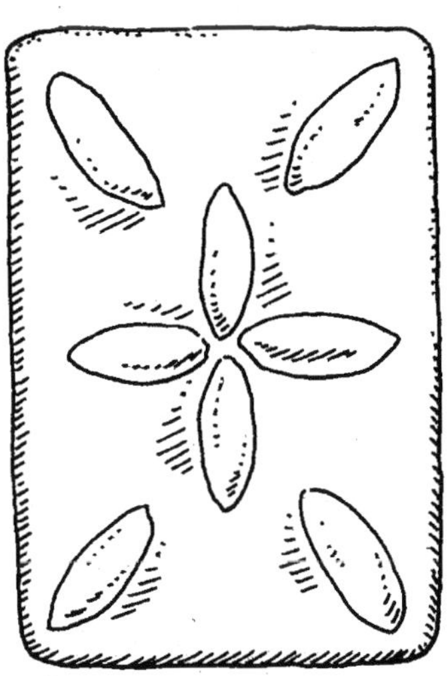

g)

h)

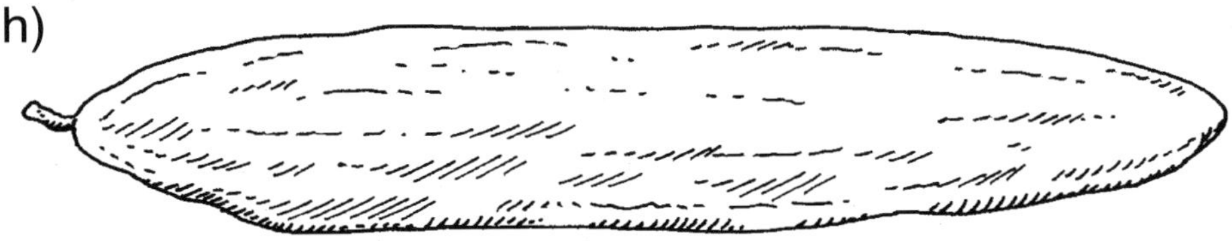

Vierteln von Vierecken

Viertle die Vierecke.
Finde verschiedene Möglichkeiten.
Male jeweils **ein** Viertel an.

a)

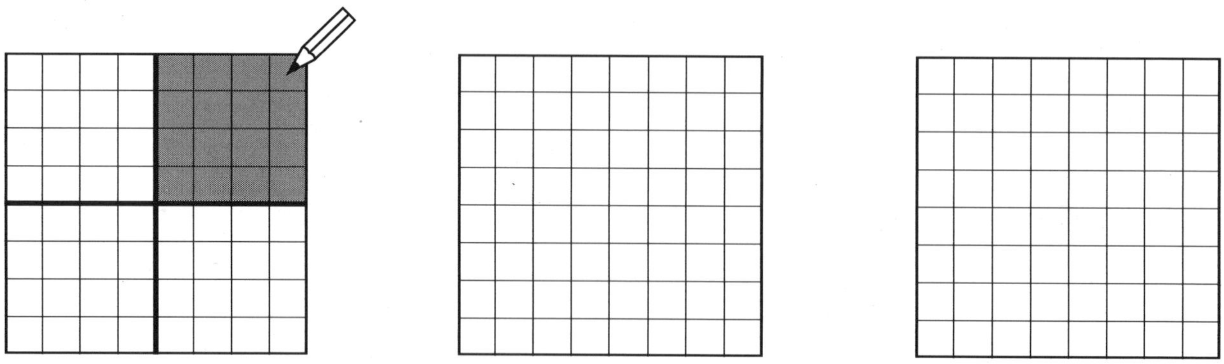

b)

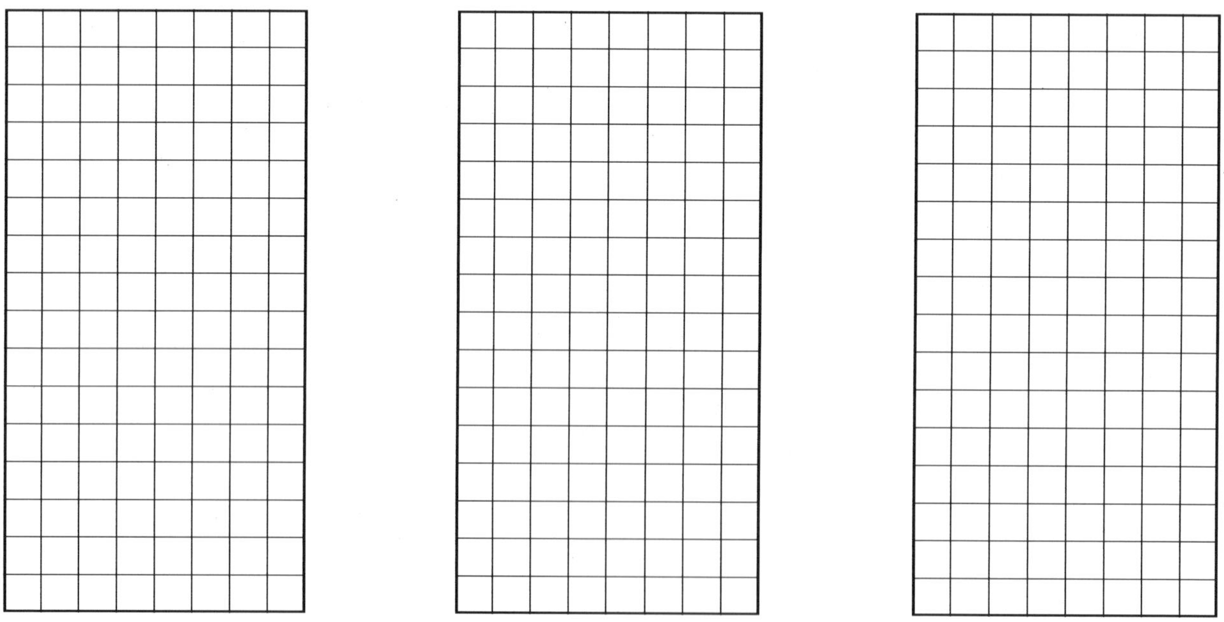

c)

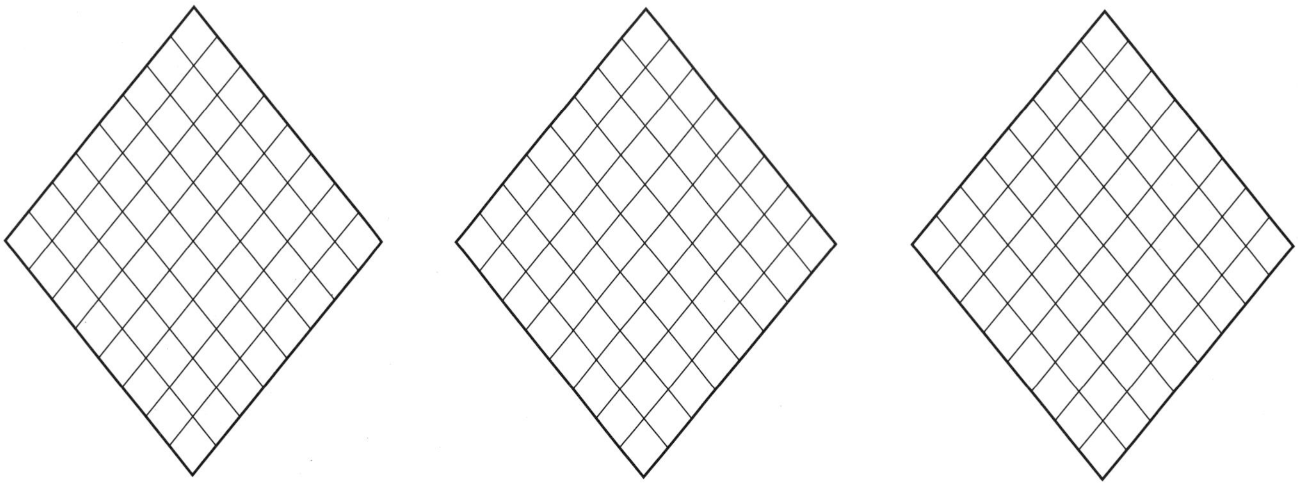

10

Vierteln von Figuren

Viertle die Figuren.
Male jeweils **ein** Viertel an.

a)

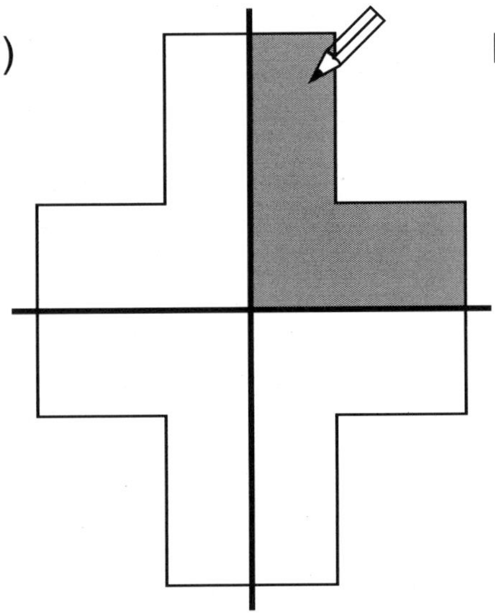

b)

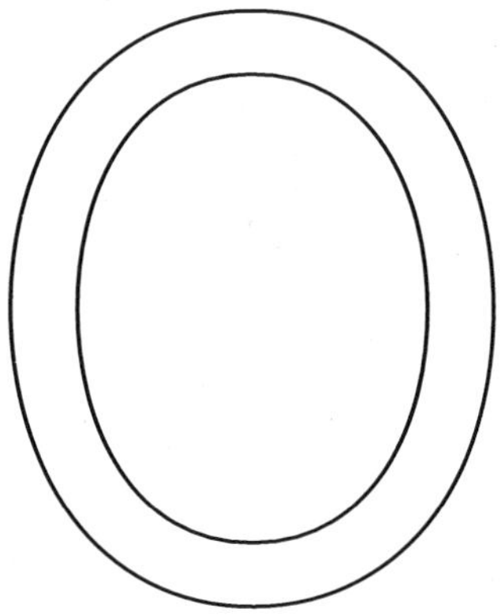

c)

d)

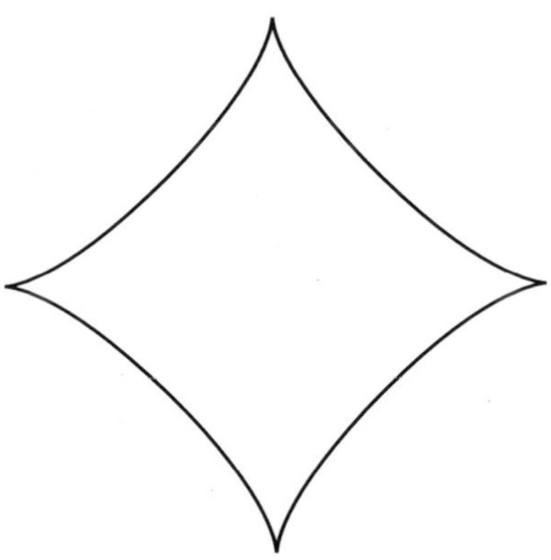

e)

f)

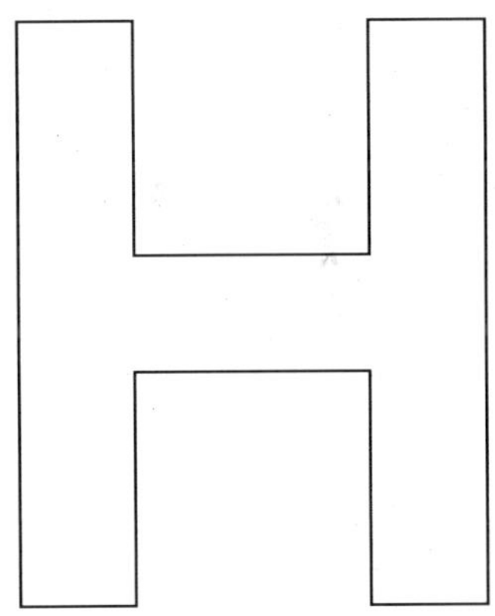

g)

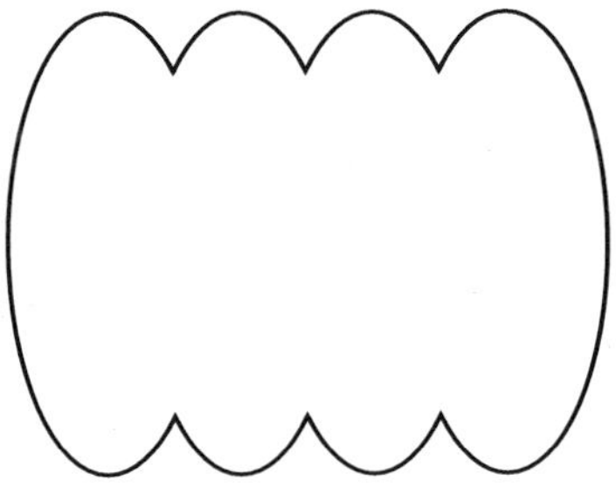

h)

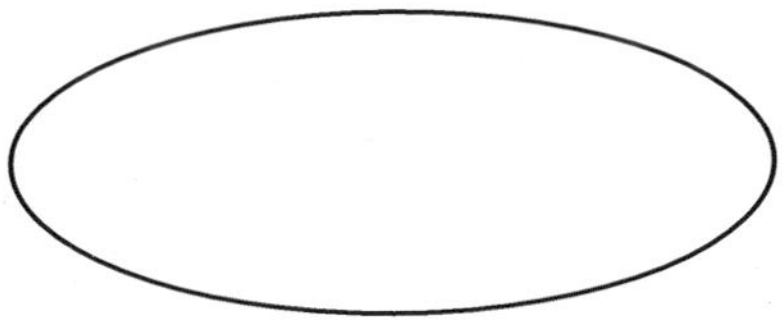

i)

11

Achteln durch Falten und Schneiden 1

✂ Schneide aus: 1 Kreis
2 Quadrate

Schneidevorlage 1 und 2

❶ Achtle den Kreis durch Falten.
Schneide **zwei** Achtel ab.
Klebe die Achtel hier in die Kreise.

a)

b)

❷ Achtle die Quadrate durch Falten. Finde zwei verschiedene Möglichkeiten.
Schneide jeweils **ein** Achtel ab.
Klebe die Achtel hier in die Quadrate.

a)

b)

12

Achteln durch Falten und Schneiden 2

✂ Schneide aus: 2 Rechtecke
4 Streifen in der richtigen Länge

Schneidevorlage 4

❶ Achtle die Rechtecke durch Falten.
Finde zwei verschiedene Möglichkeiten.
Schneide jeweils **ein** Achtel ab.
Klebe die Achtel hier in die Rechtecke.

a)

b)

❷ Achtle die Streifen durch Falten.
Schneide jeweils **ein** Achtel ab.
Klebe die Achtel hier in die Streifen.
(Achte auf die verschiedenen Längen!)

a)

b)

c)

d)

Achteln von Lebensmitteln

Achtle!

a)

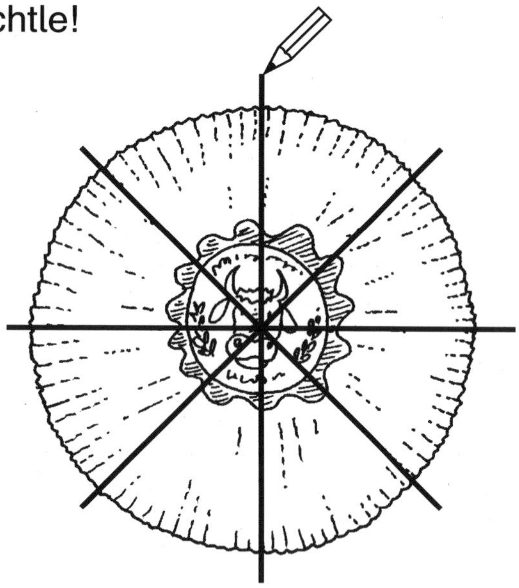

b)

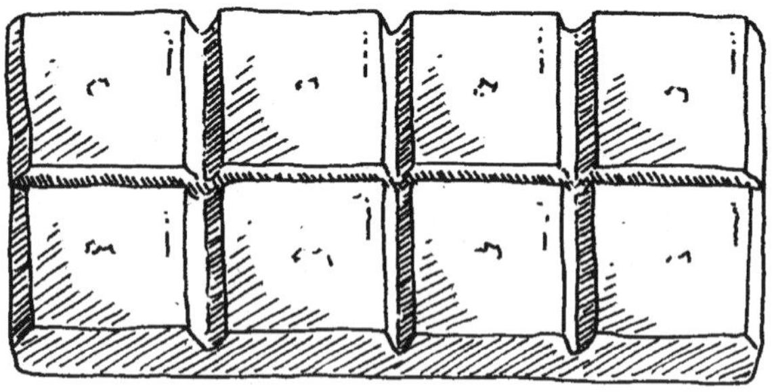

c)

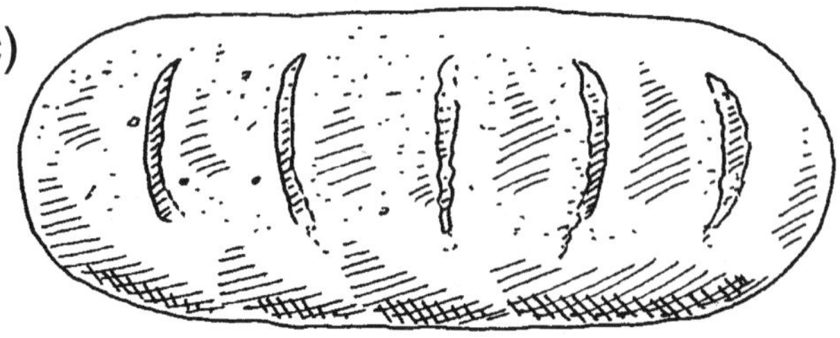

d)

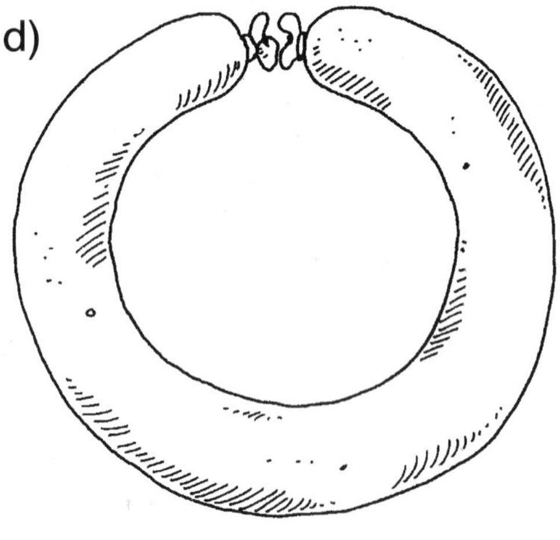

e)

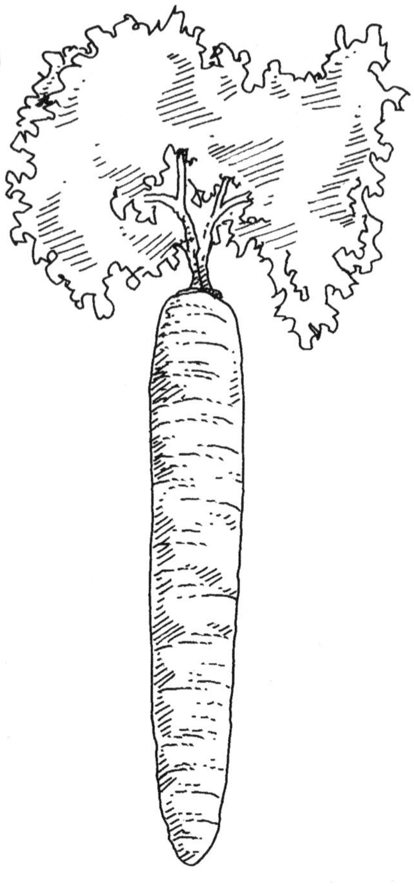

f)

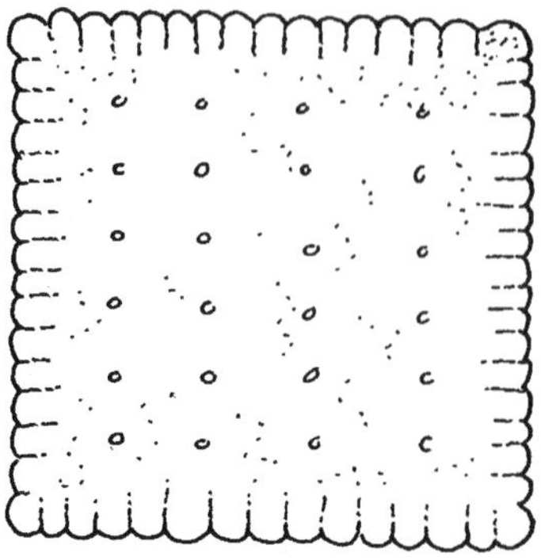

g)

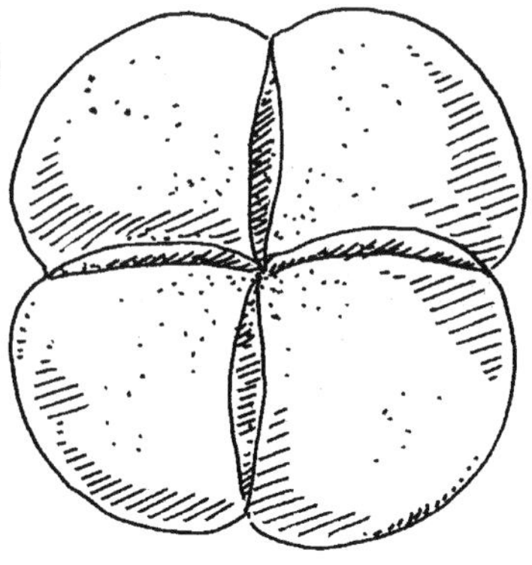

Achteln von Vierecken

Achtle die Vierecke.
Finde verschiedene Möglichkeiten.
Male jeweils **ein** Achtel an.

a)

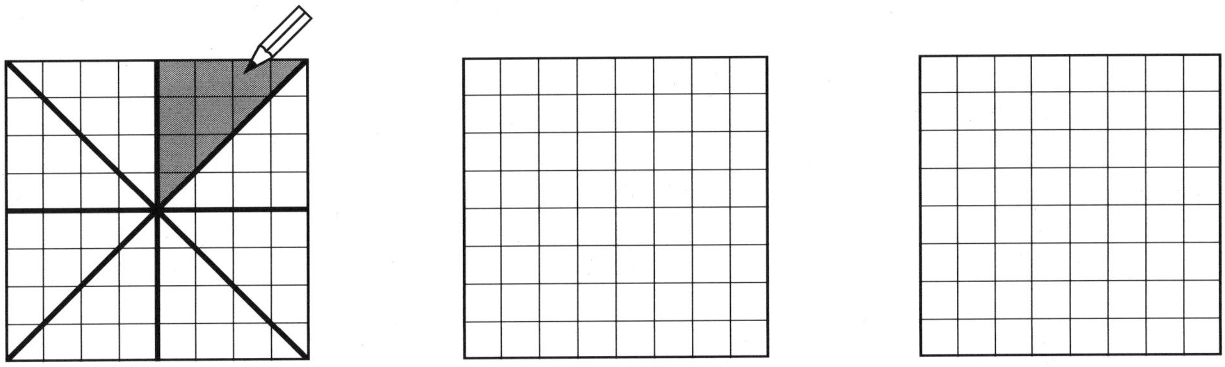

b)

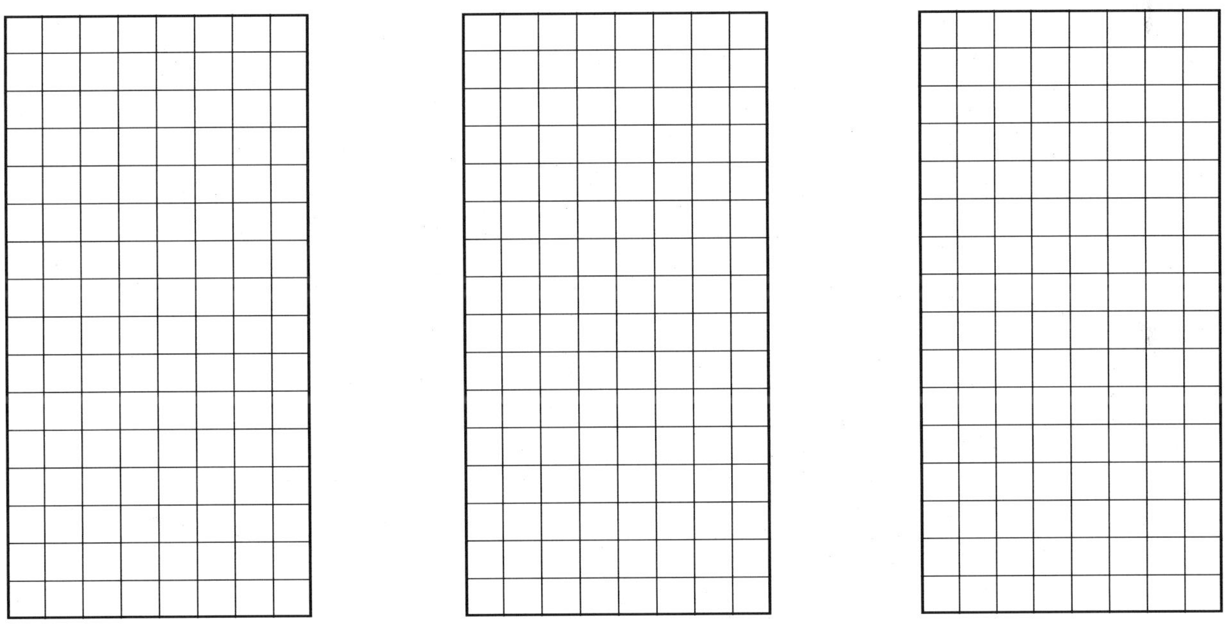

c)

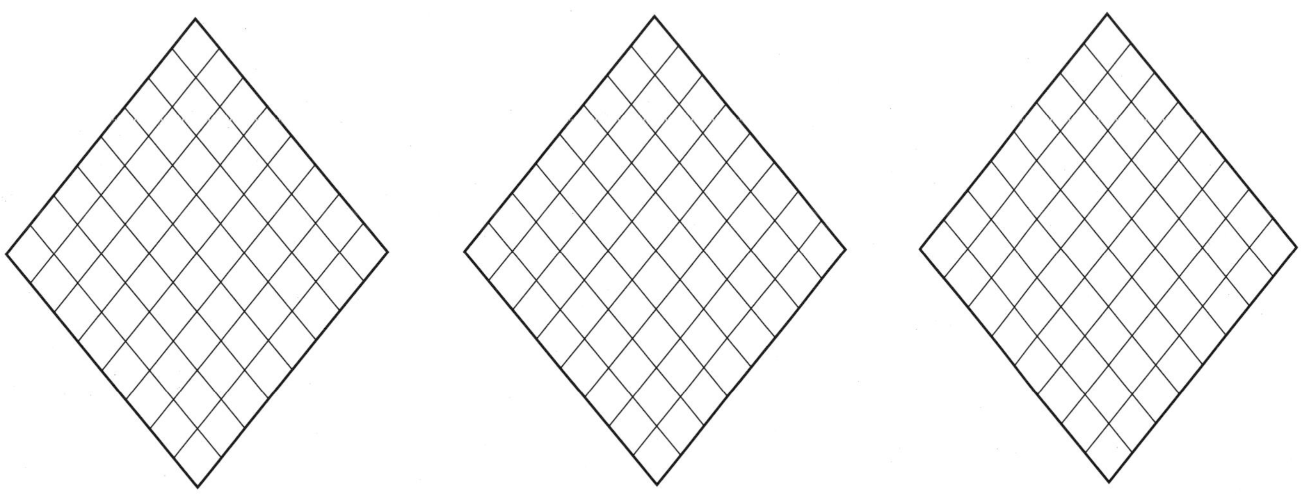

Achteln von Figuren

Achtle die Figuren.
Male jeweils **ein** Achtel an.

a)

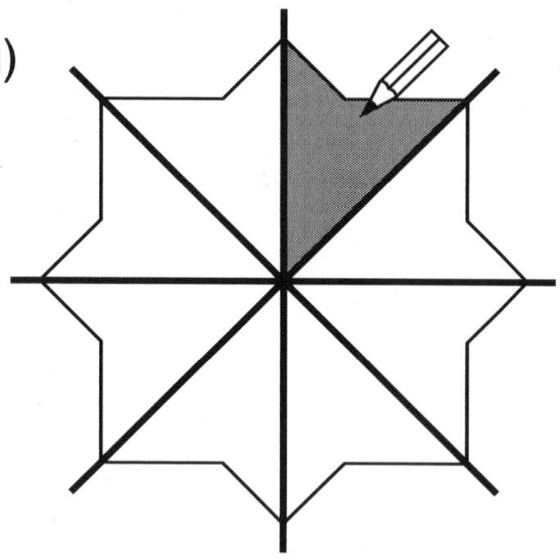

b)

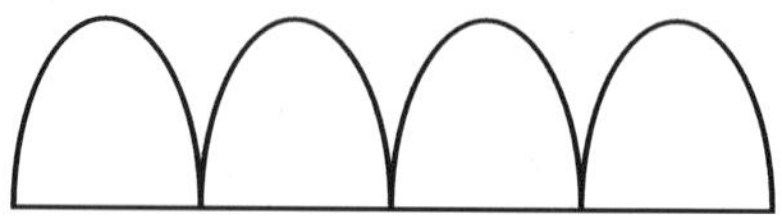

c)

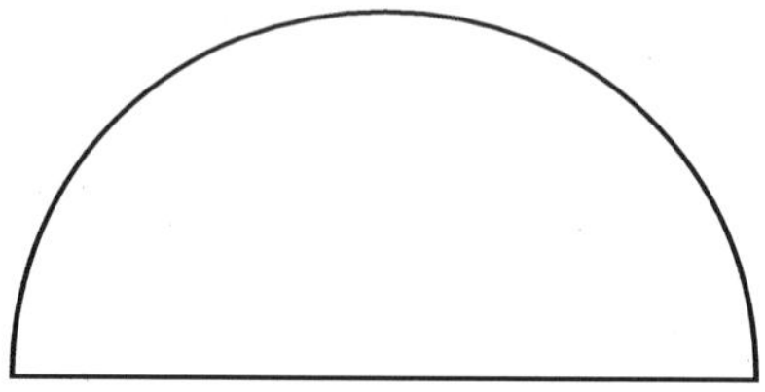

d)

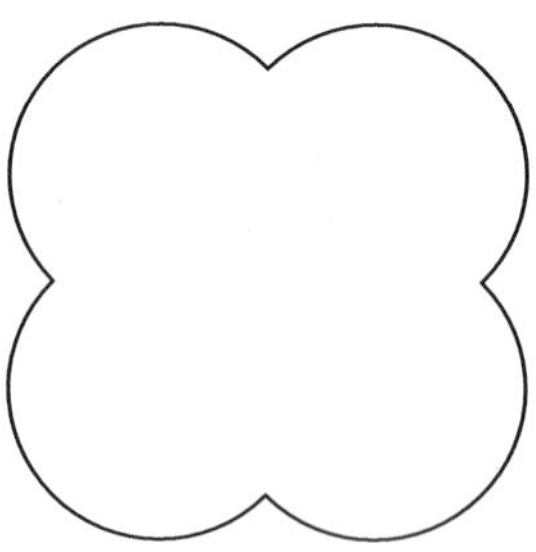

e)

f)

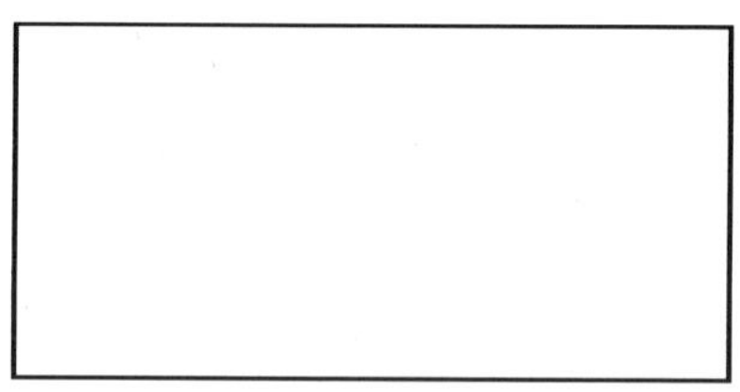

g)

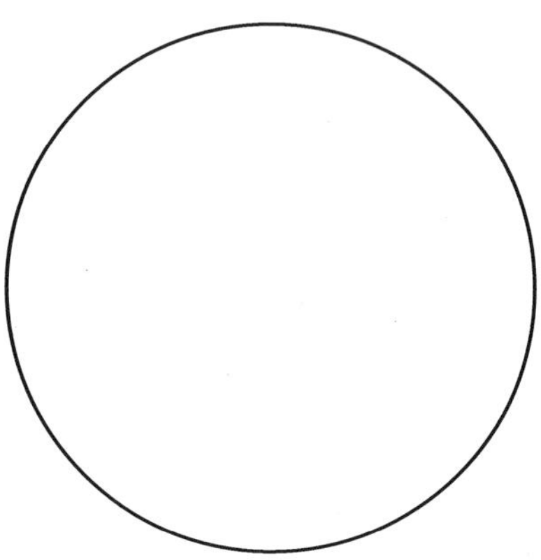

h)

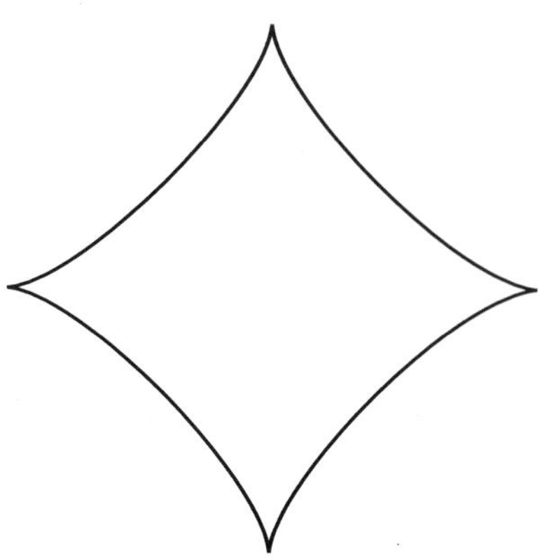

i)

16 Gleichmäßiges Aufteilen durch Falten und Schneiden

✂ Schneide aus: 3 Kreise
3 Quadrate

Schneidevorlage 1 und 2

1 Falte jeden Kreis so, dass du die angegebene Anzahl Teile erhältst.
Schneide jeweils **ein** Teil ab.
Klebe es in den entsprechenden Kreis. Beschrifte.

a) 4 gleich große Teile
b) 8 gleich große Teile
c) 16 gleich große Teile

ein Viertel

2 Bearbeite die Quadrate wie in Aufgabe 1 beschrieben. Beschrifte.

a) 3 gleich große Teile
b) 6 gleich große Teile
c) 12 gleich große Teile

17

Gleichmäßiges Aufteilen von Lebensmitteln

Wie viele Teile?

a)

_5_ Teile

b)

___ Teile

c)

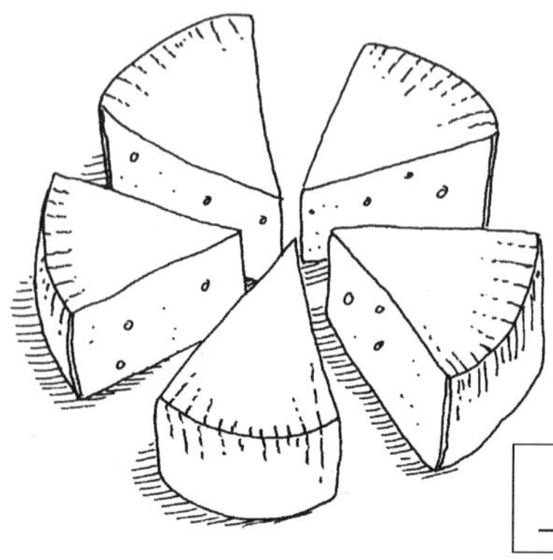

___ Teile

d)

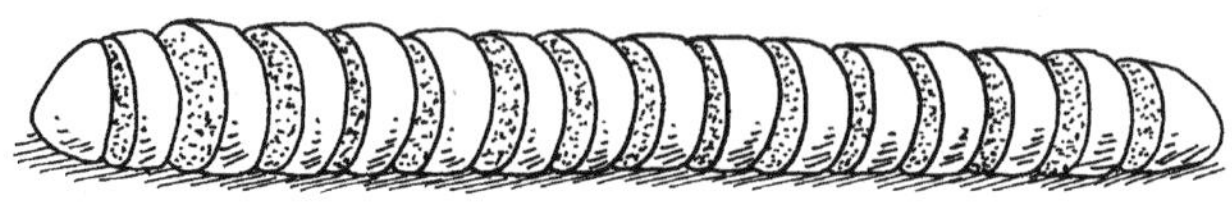

___ Teile

e)

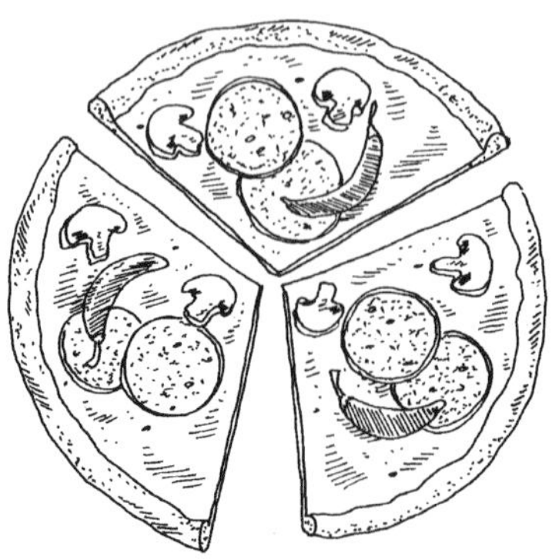

___ Teile

f)

___ Teile

g)

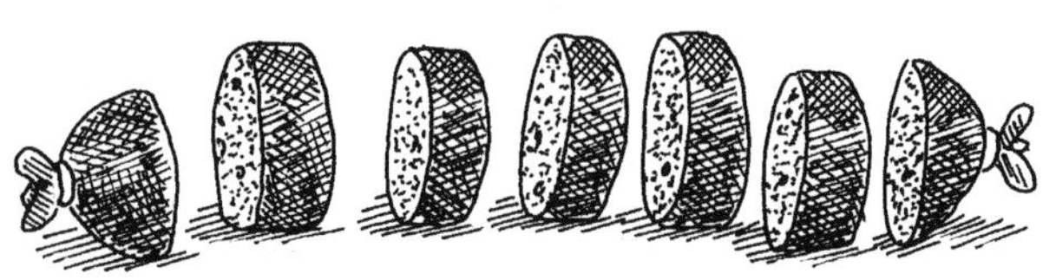

___ Teile

h)

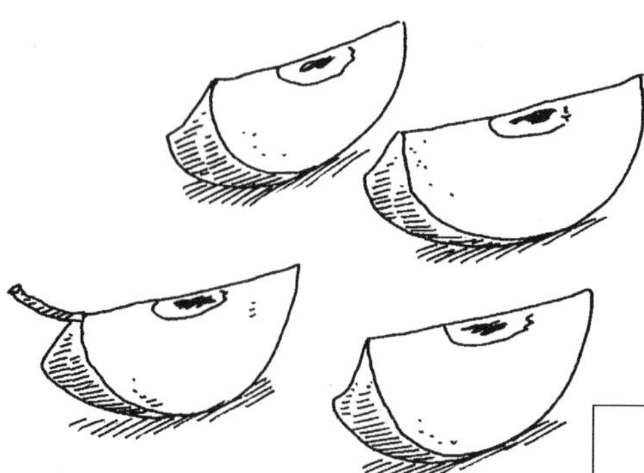

___ Teile

Gleichmäßiges Aufteilen – Vierecke 1

❶ Wie heißt der graue Bruchteil?

a)

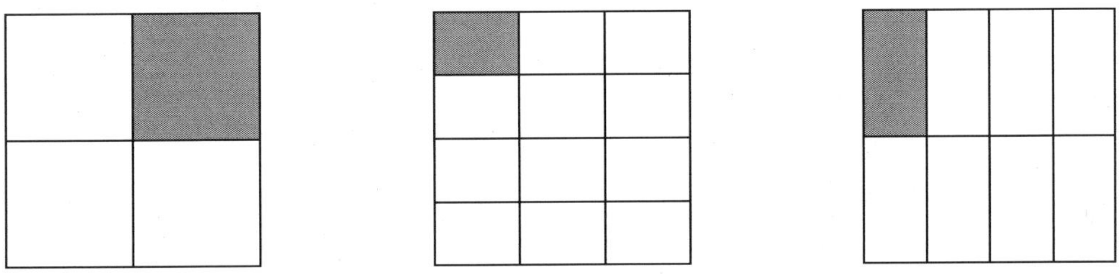

ein Viertel ________ ________

b)

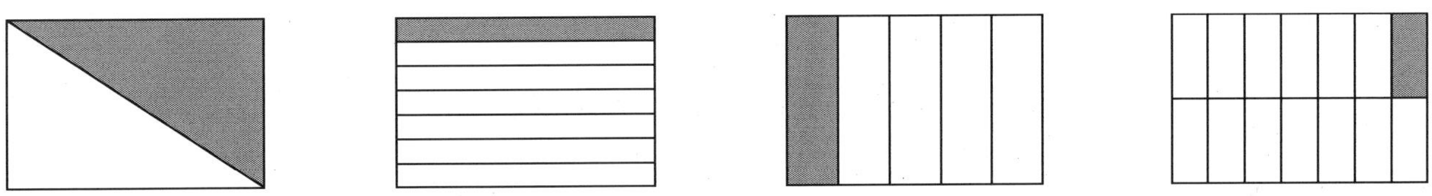

________ ________ ________ ________

c)

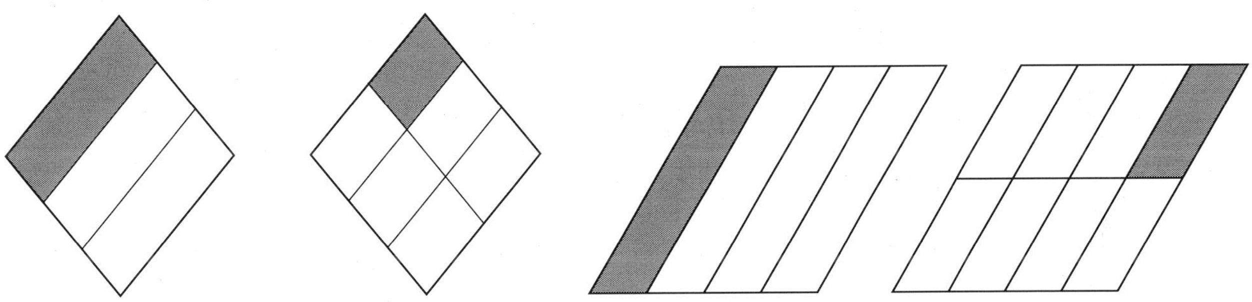

________ ________ ________ ________

❷ Sind alle grauen Anteile gleich groß? ○ ja ○ nein

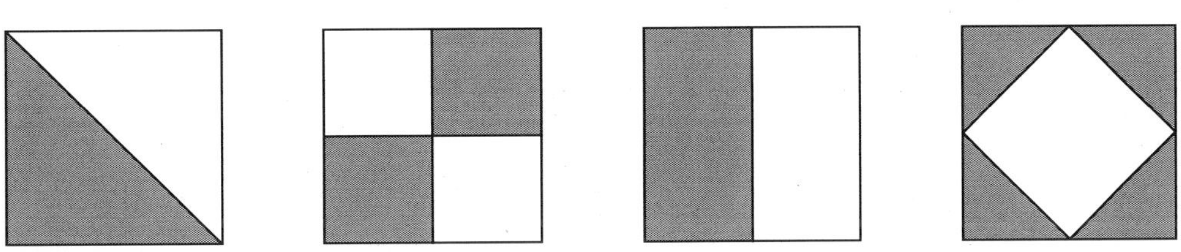

Begründe!

Gleichmäßiges Aufteilen – Vierecke 2

❶ Teile auf.

a) 2 Teile 4 Teile 6 Teile

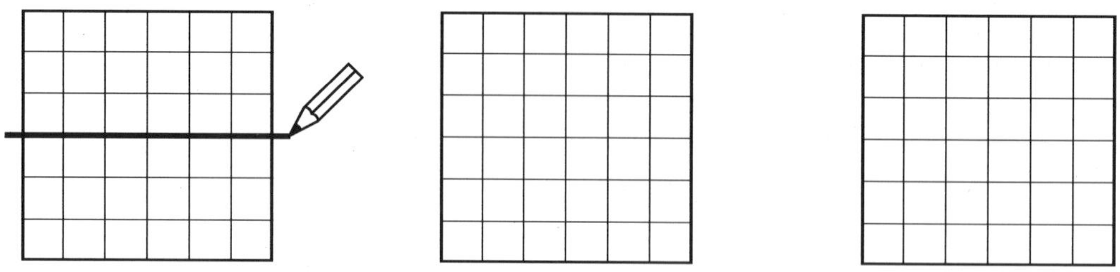

b) 2 Teile 3 Teile 6 Teile 9 Teile

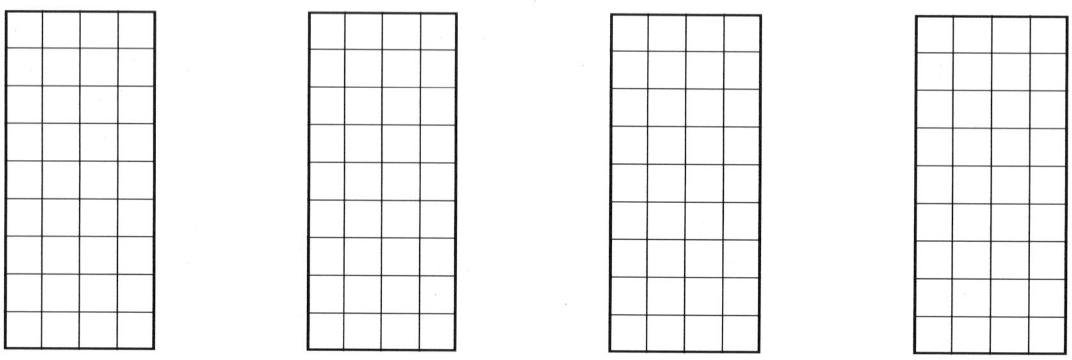

c) 2 Teile 4 Teile 8 Teile

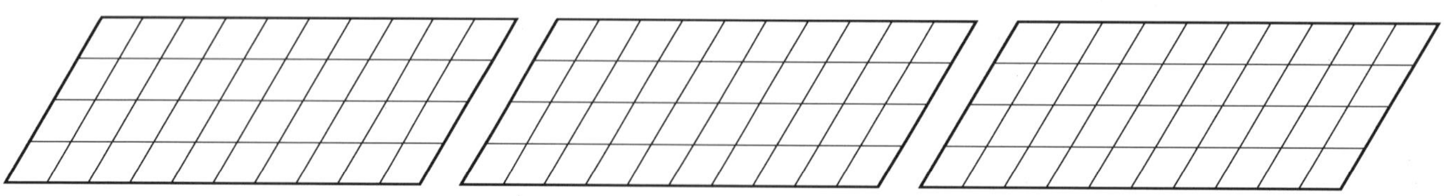

❷ Zeichne in dein Heft drei gleich große Rechtecke:

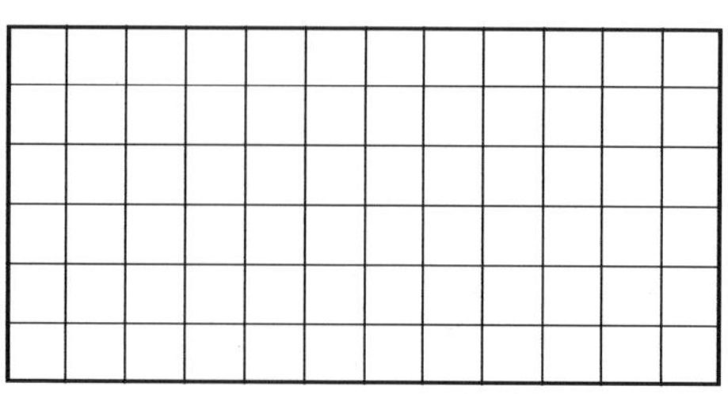

6 Kästchen hoch

12 Kästchen breit

Teile die Rechtecke durch Linien in Drittel. Finde zwei Möglichkeiten.

Gleichmäßiges Aufteilen – Kreise

❶ In welche Bruchteile wurden die Kreise aufgeteilt?

a)

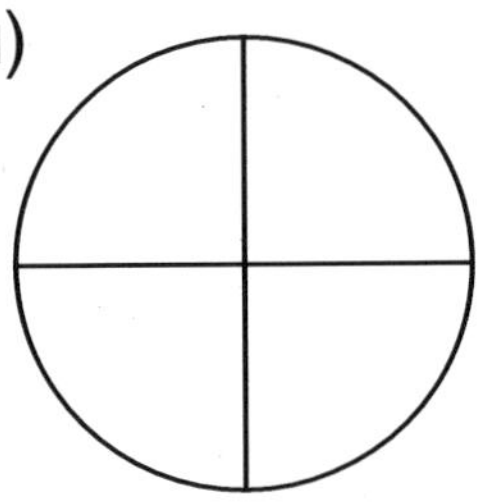

Viertel

b)

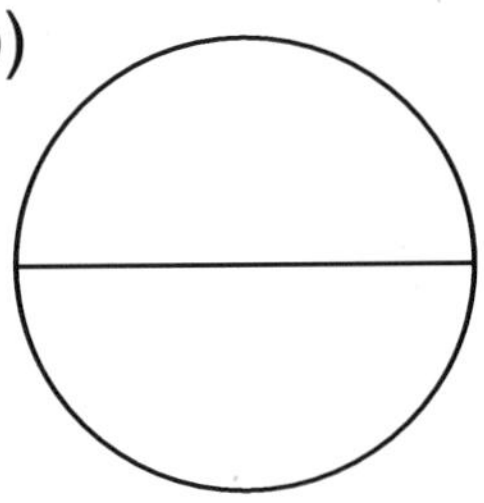

c)

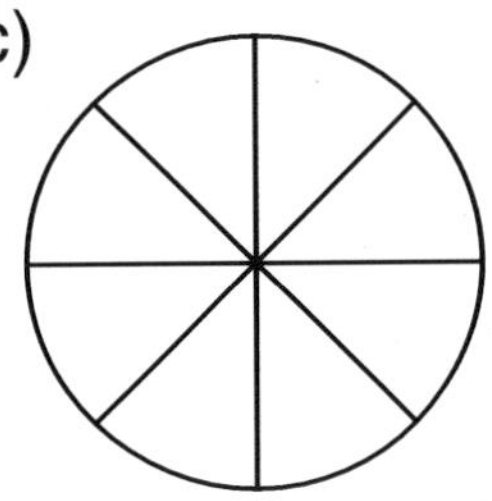

d)

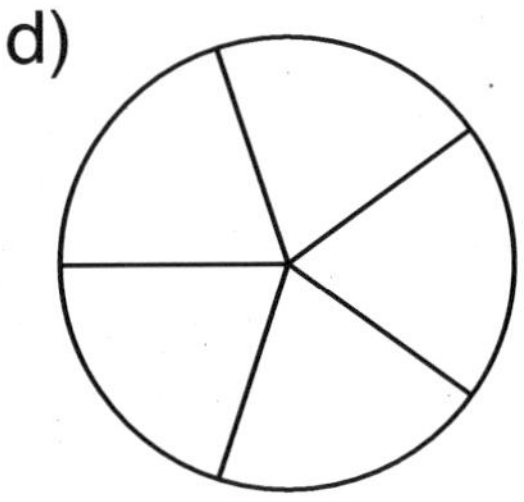

e)

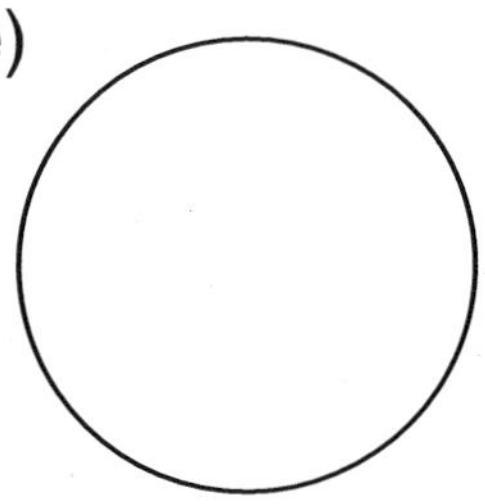

f)

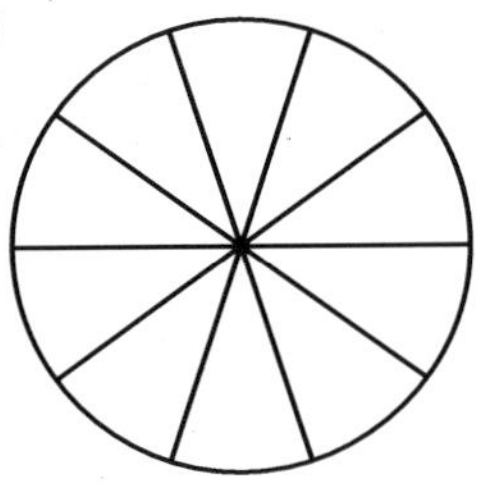

g)

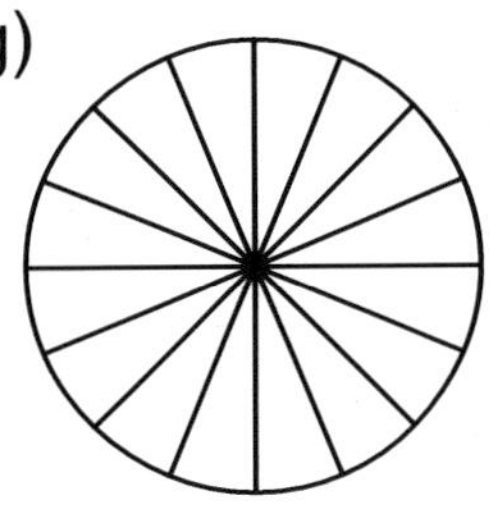

h)

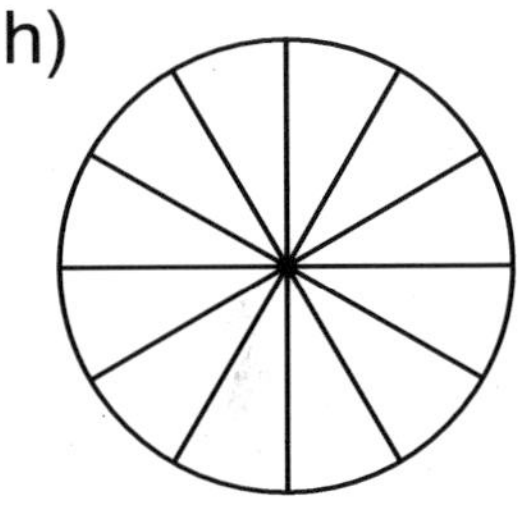

❷ Streiche „falsche" Abbildungen durch.

a) Viertel

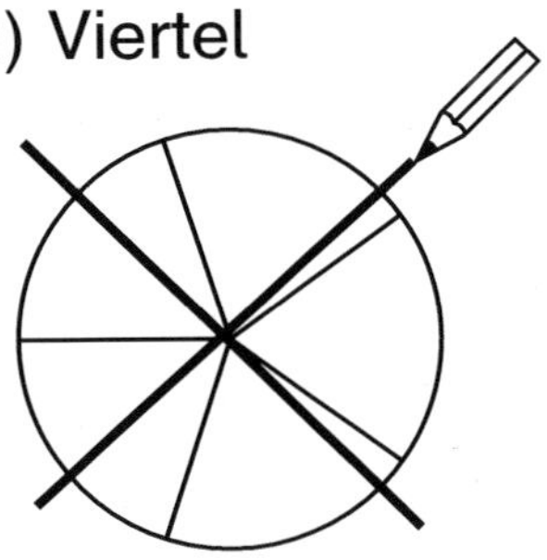

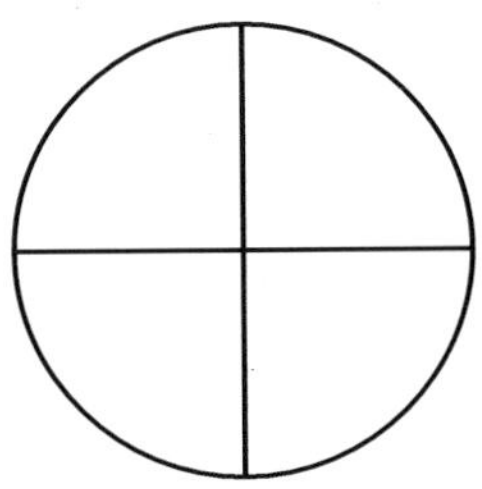

b) Drittel

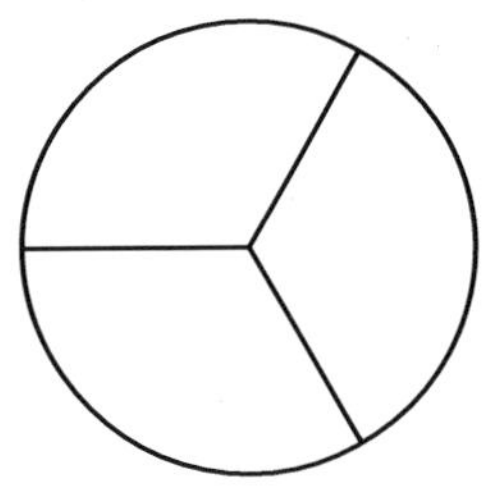

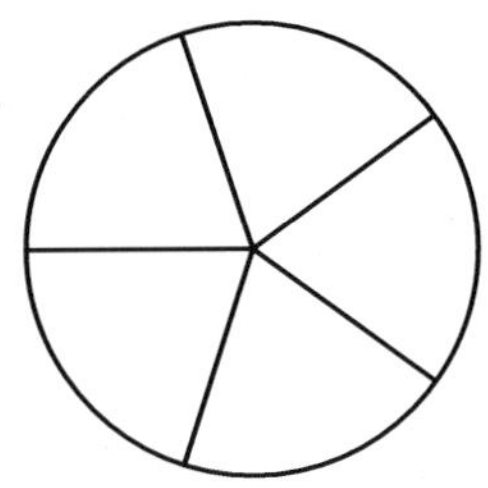

c) Zehntel

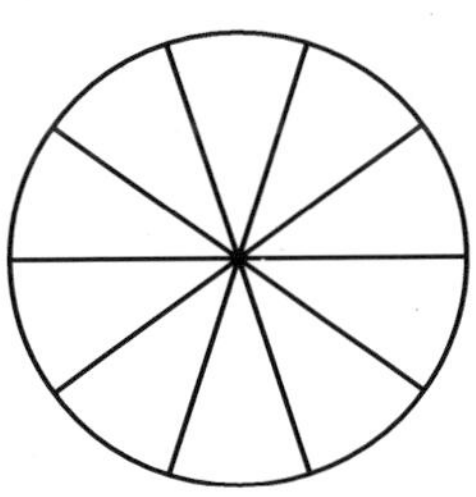

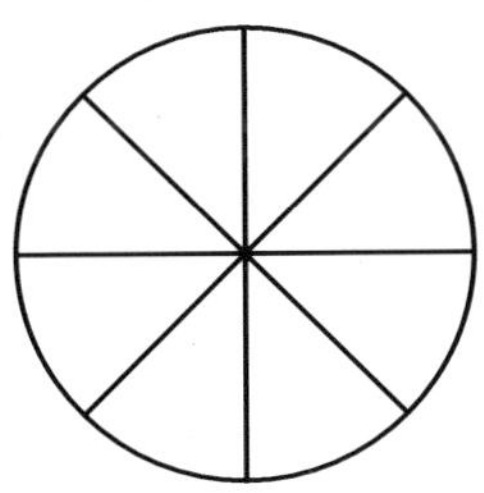

d) 16-tel

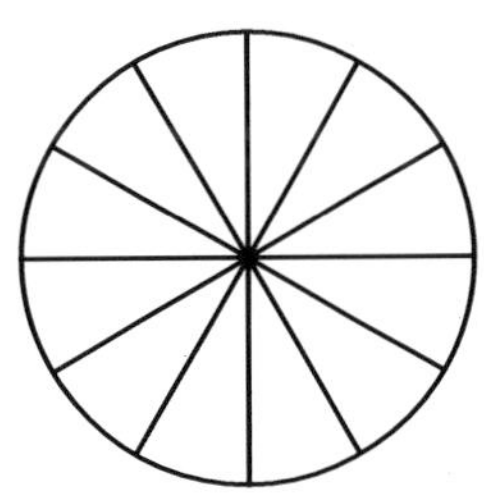

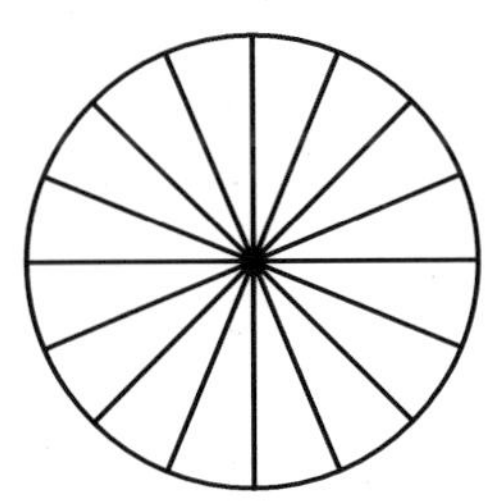

21

Gleichmäßiges Aufteilen – Vielecke

Teile die Figuren in die angegebenen Bruchteile auf.
Male die Bruchteile mit zwei sich abwechselnden Farben an.

a)

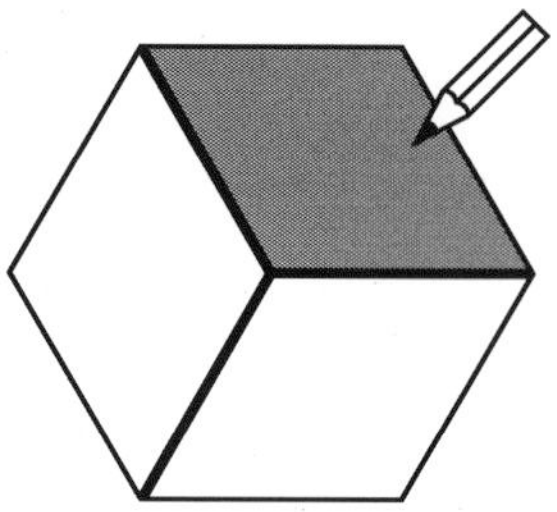

Drittel

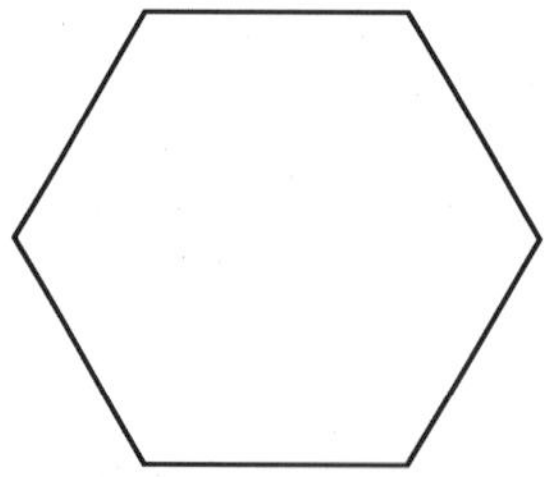

Halbe

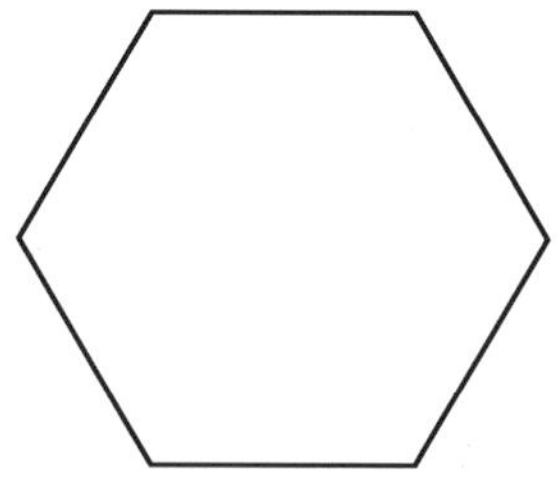

Sechstel

b)

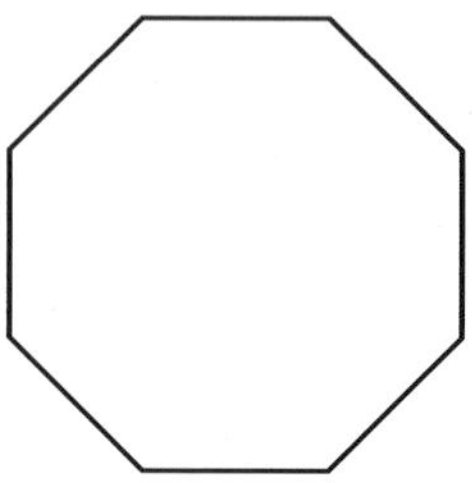

Achtel

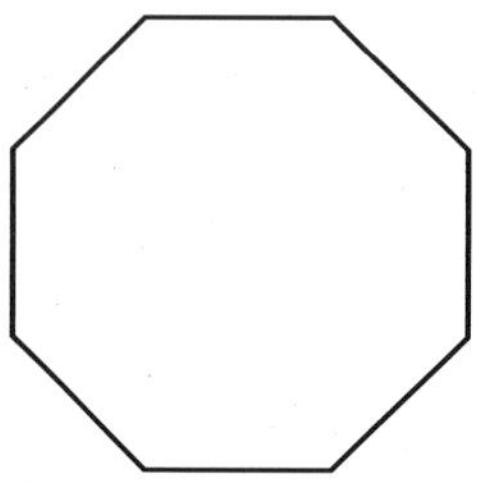

Viertel

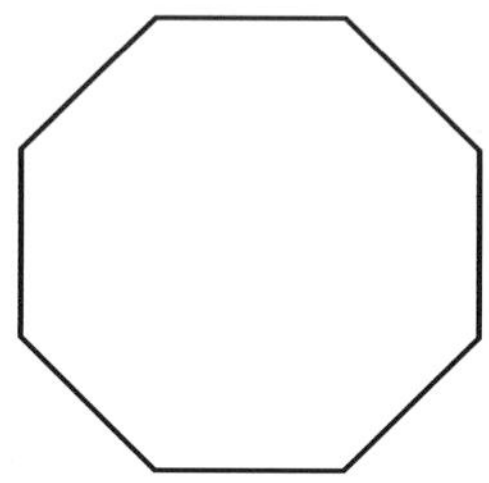

16-tel

c)

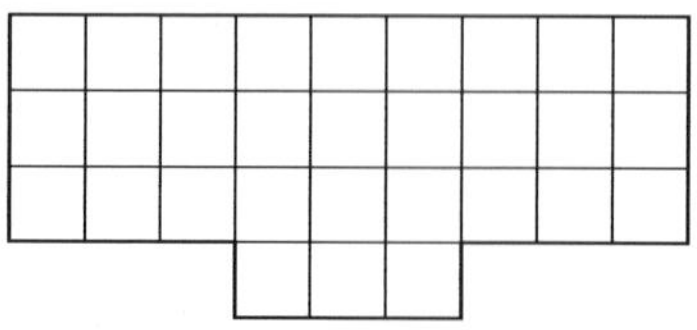

Halbe

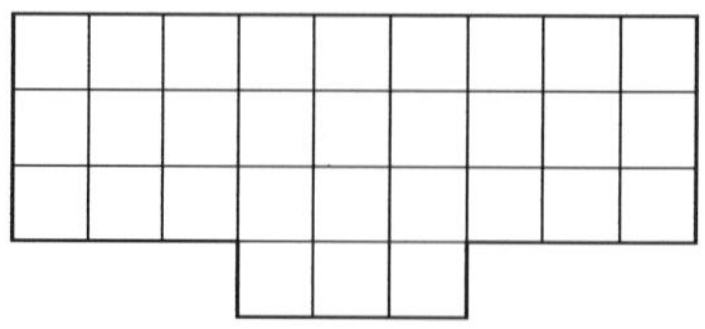

Zehntel

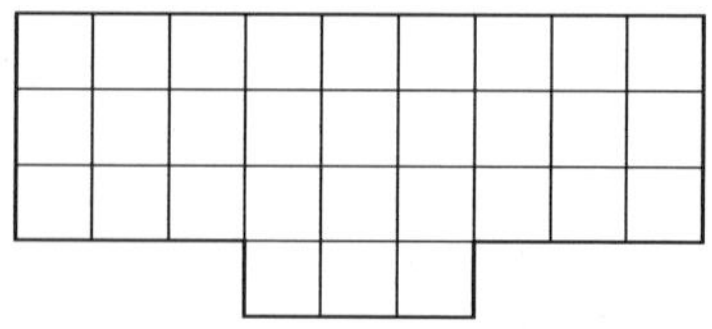

Ganzes

d)

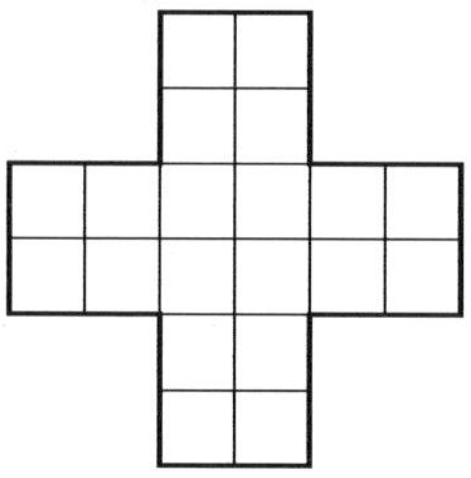

Viertel

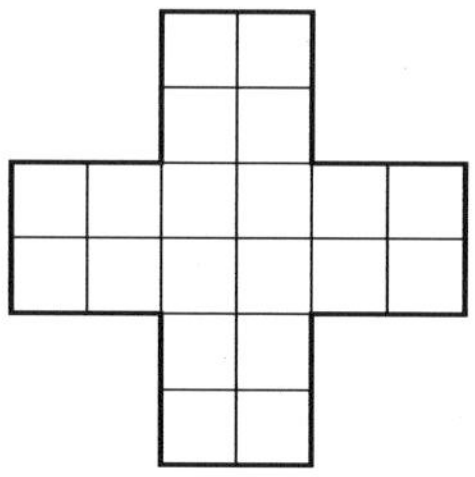

Fünftel

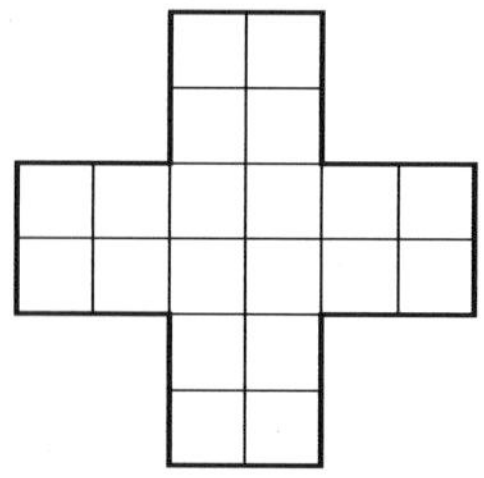

Achtel

Gleichmäßiges Aufteilen – Figuren

1 In welche Bruchteile wurden die Figuren aufgeteilt?

a)

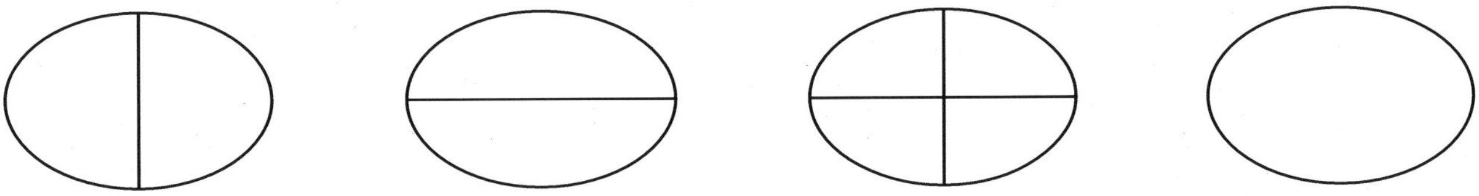

Halbe | ______ | ______ | ______

b)

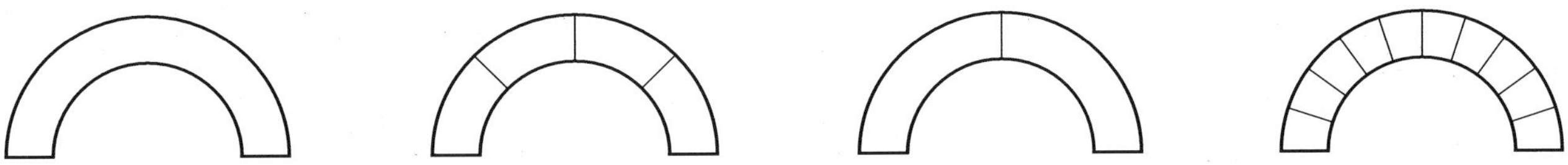

______ | ______ | ______ | ______

2 Teile auf.

a)

Viertel

b)

Halbe

c)

Viertel

d)

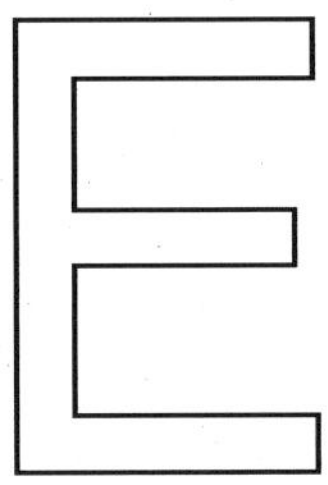

Halbe

e)

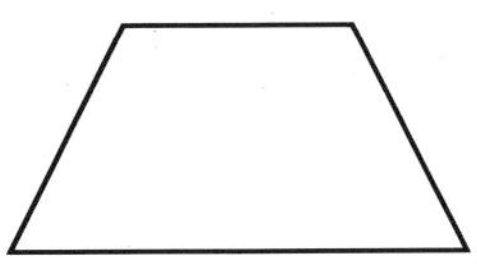

Drittel

f)

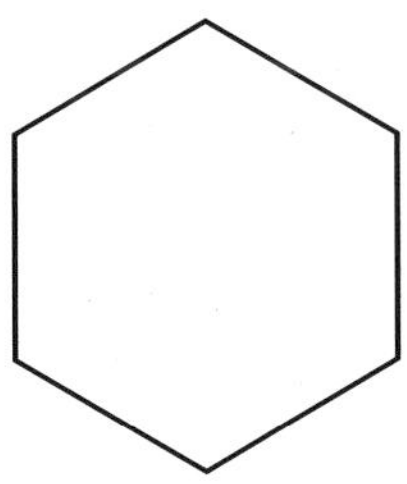

Sechstel

g)

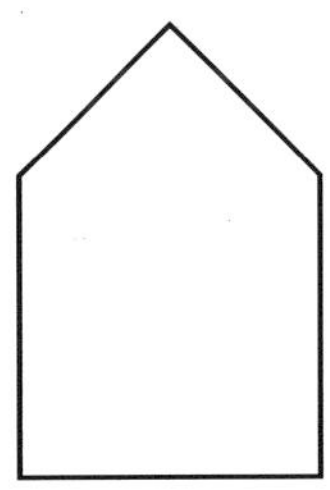

Fünftel

h)

Halbe

23 Stammbrüche benennen – Lebensmittel

$\frac{1}{2}, \frac{1}{3}, \frac{1}{8}$ ... nennt man Stammbrüche. Über dem Strich steht immer eine 1.
Die Zahl unter dem Strich gibt an,
in wie viele Teile das Ganze aufgeteilt wird.

Schreibe als Stammbrüche.

a)

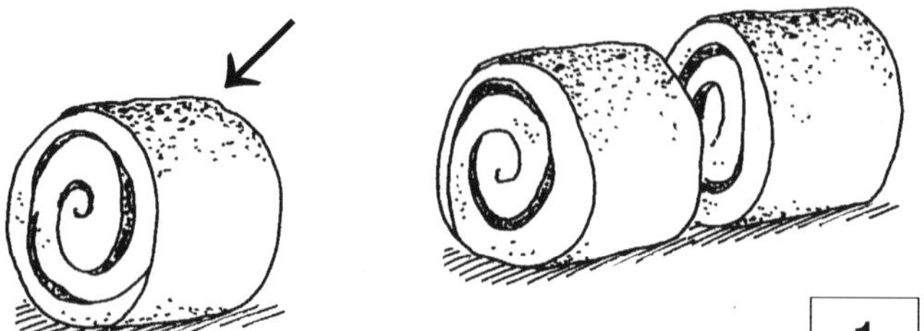

$\frac{1}{3}$

b)

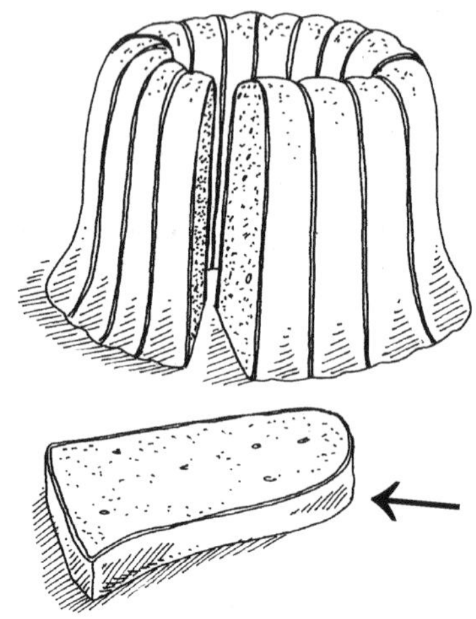

$\frac{\;}{\;}$

c)

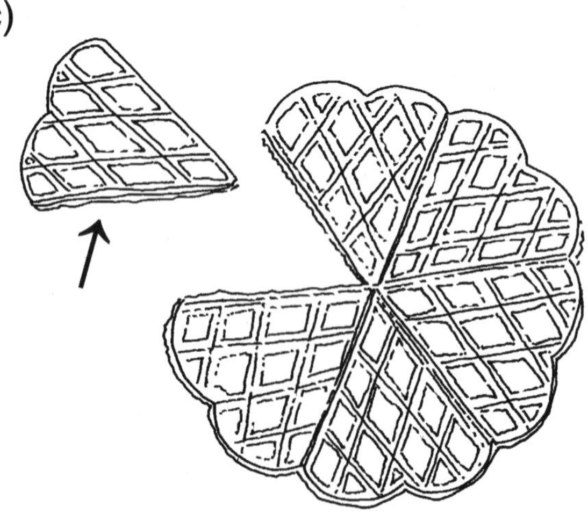

$\frac{\;}{\;}$

d)

$\frac{\;}{\;}$

e)

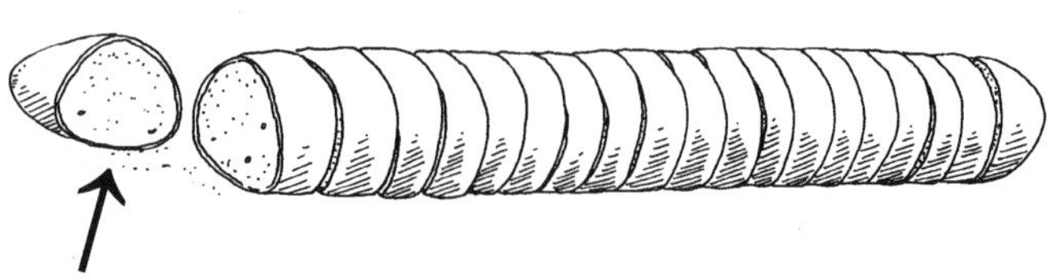

$\frac{\;}{\;}$

f)

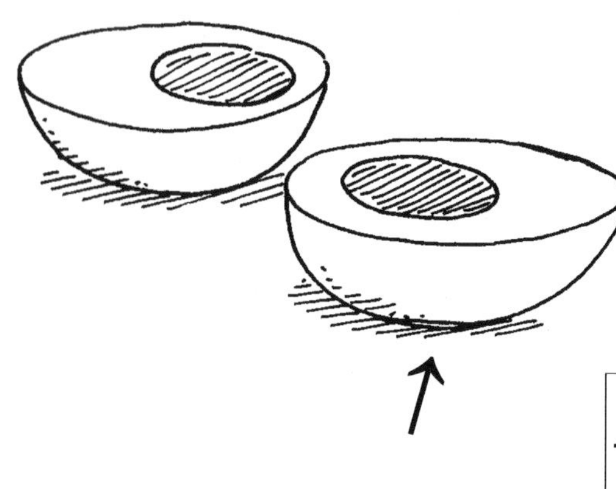

$\frac{\;}{\;}$

24 Stammbrüche benennen – Vierecke

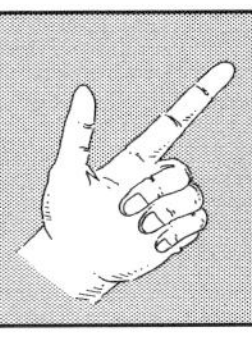

$\frac{1}{2}$, $\frac{1}{3}$, $\frac{1}{8}$ … nennt man Stammbrüche. Über dem Strich steht immer eine 1.
Die Zahl unter dem Strich gibt an,
in wie viele Teile das Ganze aufgeteilt wird.

Schreibe als Stammbrüche.

a)

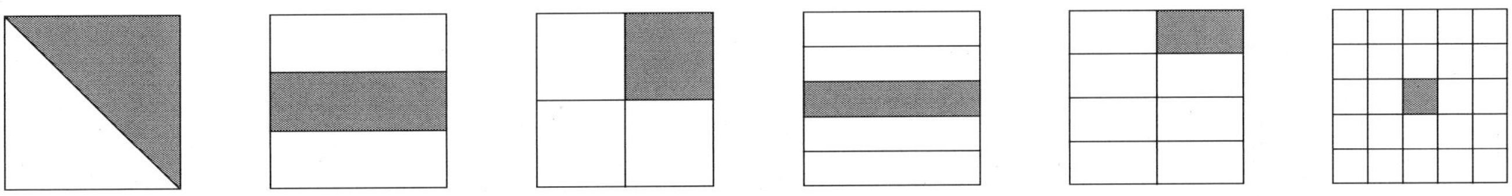

$\frac{1}{2}$

b)

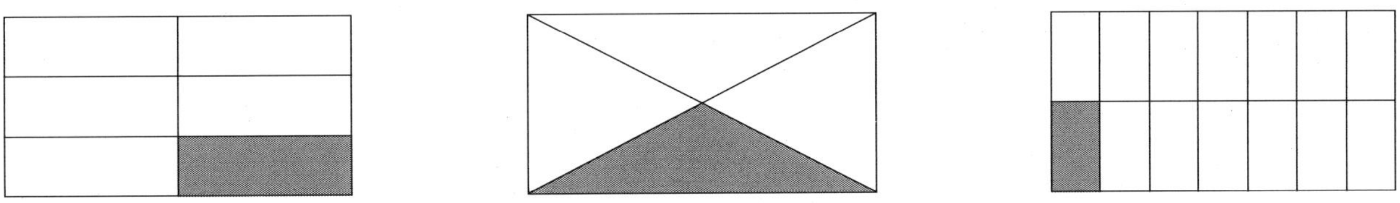

c)

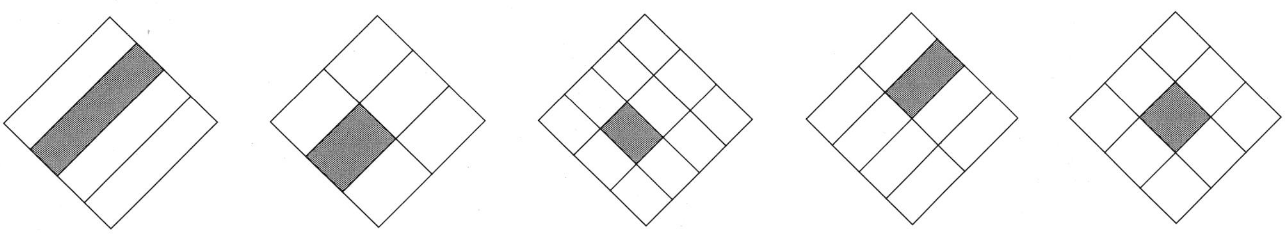

d)

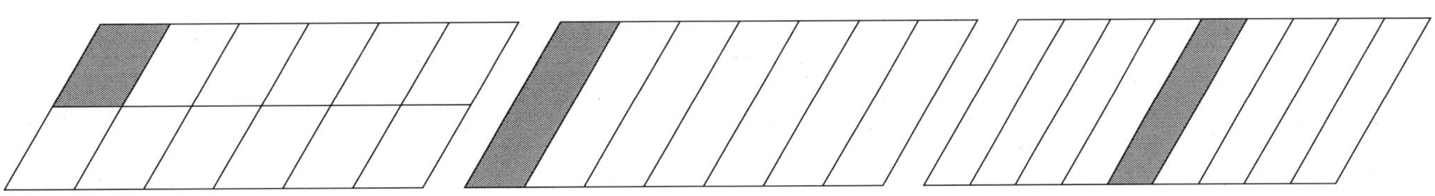

25

Stammbrüche benennen – Kreise

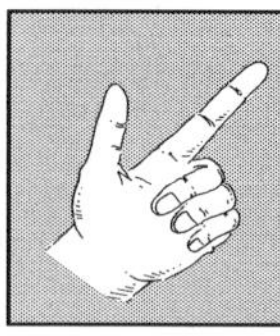

$\frac{1}{2}$, $\frac{1}{3}$, $\frac{1}{8}$ ... nennt man Stammbrüche. Über dem Strich steht immer eine 1.
Die Zahl unter dem Strich gibt an,
in wie viele Teile das Ganze aufgeteilt wird.

Kreise den richtigen Stammbruch ein.

a)

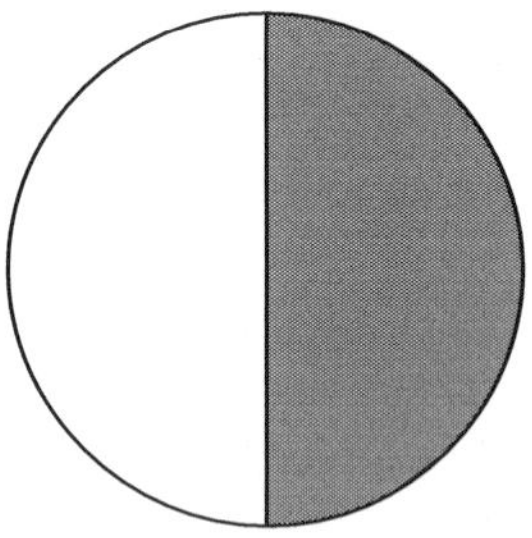

$\frac{1}{3}$ $\frac{1}{2}$ $\frac{1}{5}$

b)

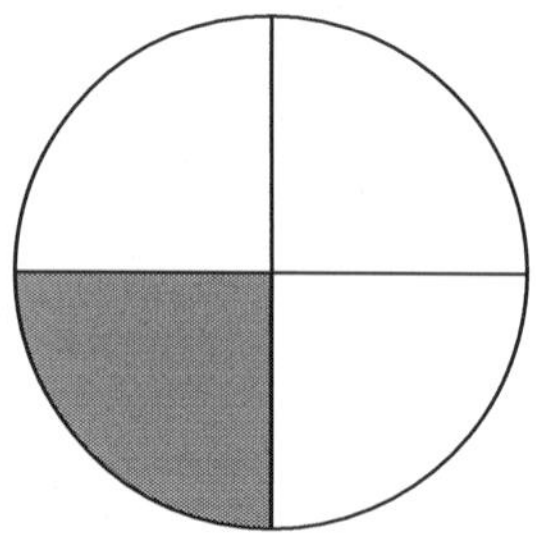

$\frac{1}{2}$ $\frac{1}{3}$ $\frac{1}{4}$

c)

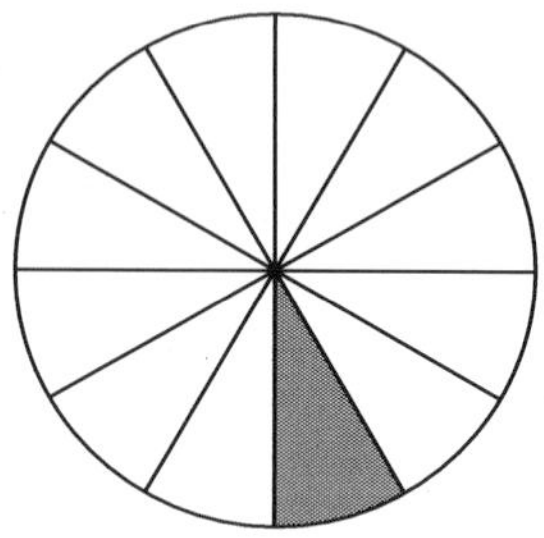

$\frac{1}{9}$ $\frac{1}{12}$ $\frac{1}{14}$

d)

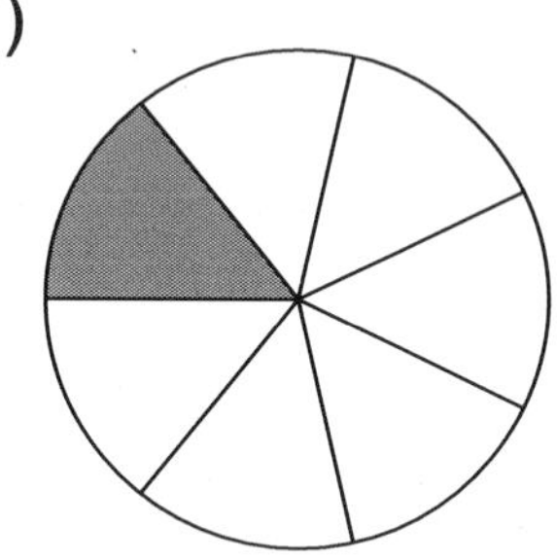

$\frac{1}{5}$ $\frac{1}{6}$ $\frac{1}{7}$

e)

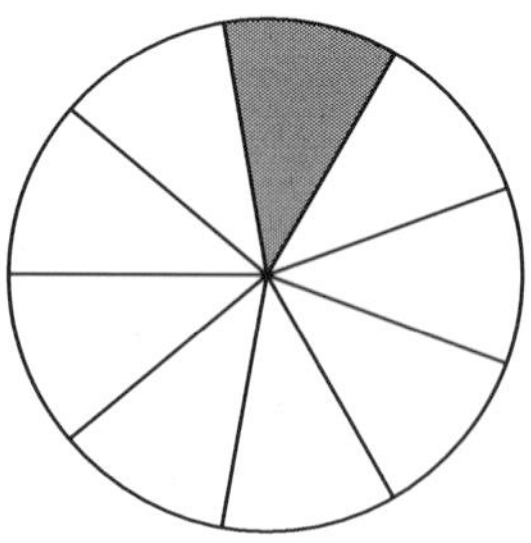

$\frac{1}{9}$ $\frac{1}{10}$ $\frac{1}{12}$

f)

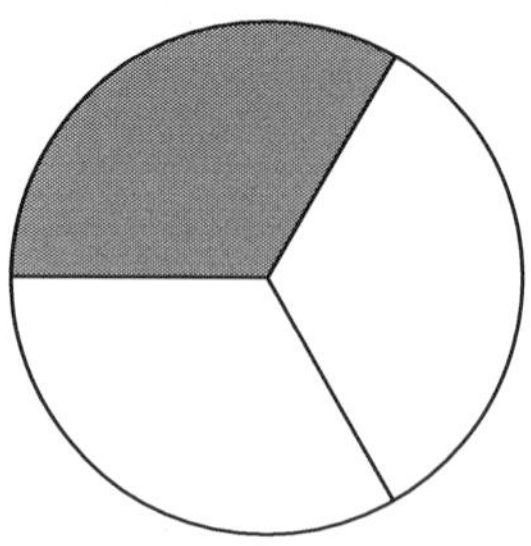

$\frac{1}{3}$ $\frac{1}{5}$ $\frac{1}{6}$

g)

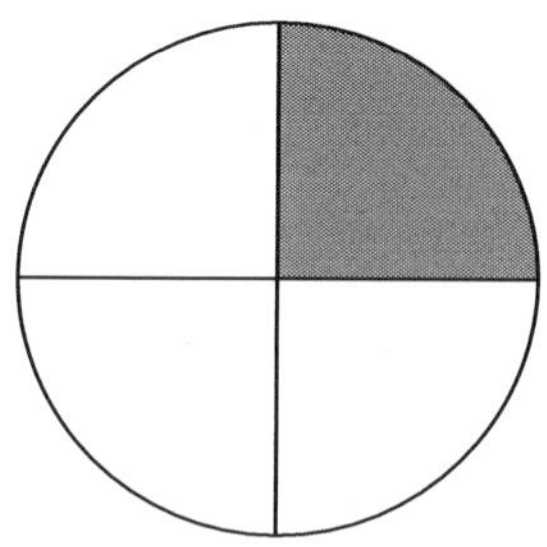

$\frac{1}{2}$ $\frac{1}{4}$ $\frac{1}{6}$

h)

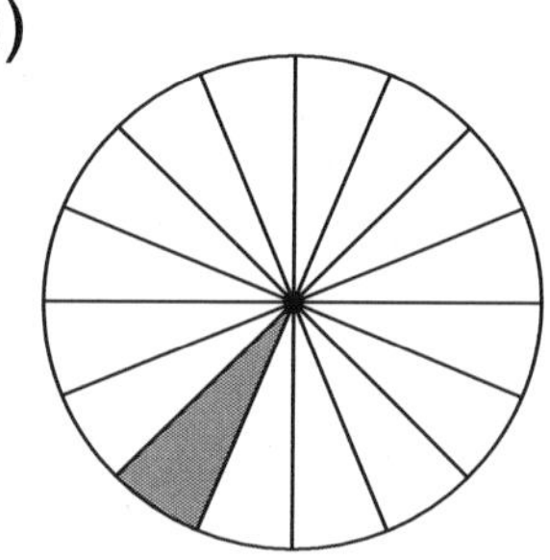

$\frac{1}{15}$ $\frac{1}{16}$ $\frac{1}{18}$

i)

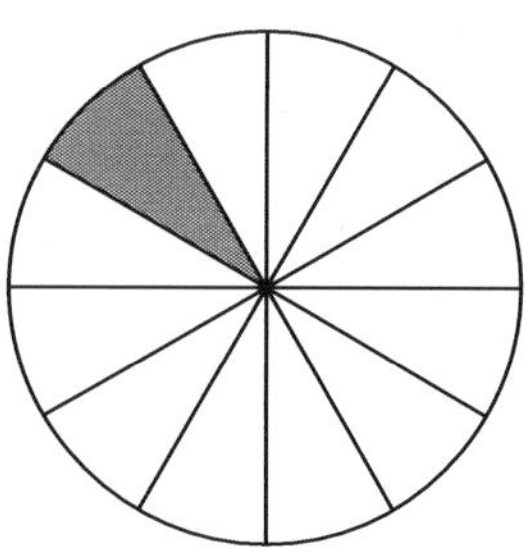

$\frac{1}{10}$ $\frac{1}{11}$ $\frac{1}{12}$

j)

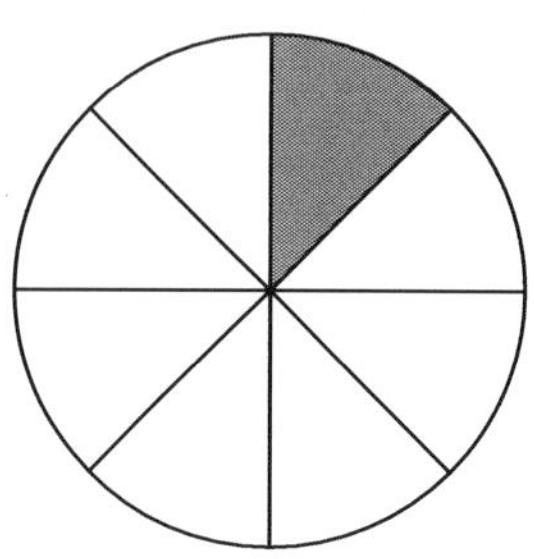

$\frac{1}{8}$ $\frac{1}{9}$ $\frac{1}{10}$

k)

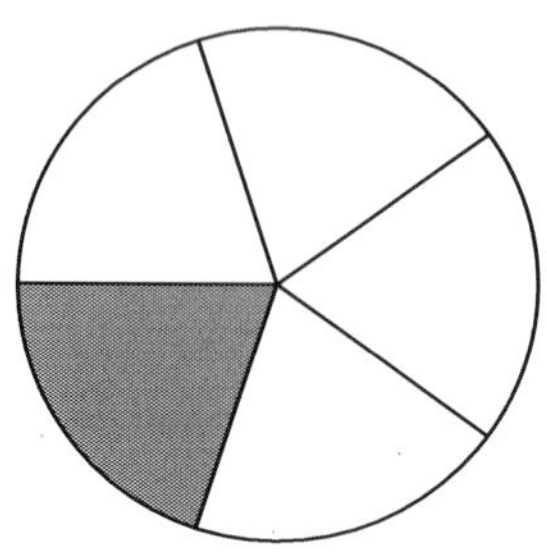

$\frac{1}{4}$ $\frac{1}{5}$ $\frac{1}{7}$

l)

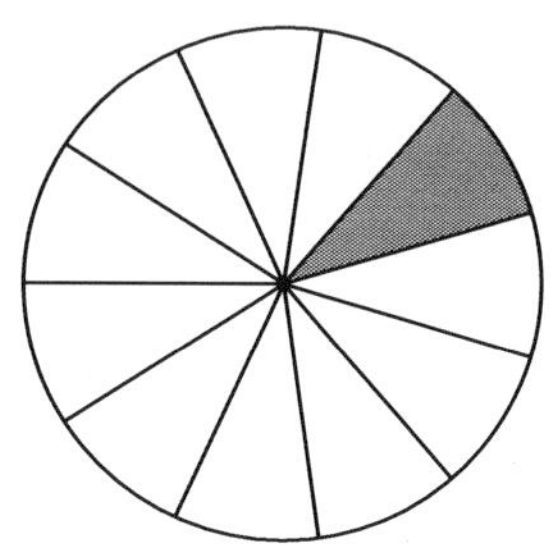

$\frac{1}{9}$ $\frac{1}{10}$ $\frac{1}{11}$

26 Stammbrüche benennen – Figuren

Schreibe als Stammbrüche.

a)

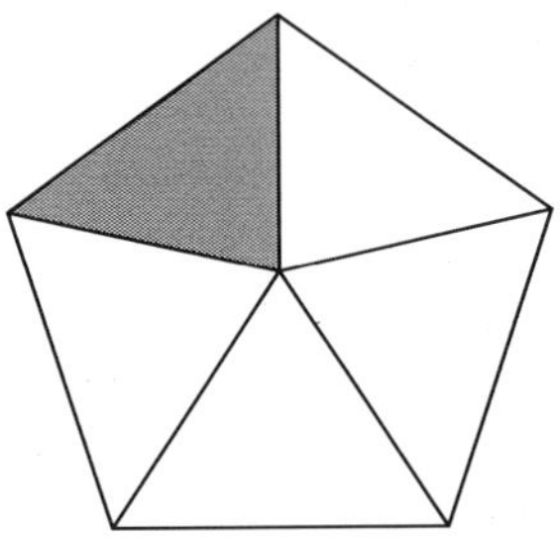

$\frac{1}{5}$

b)

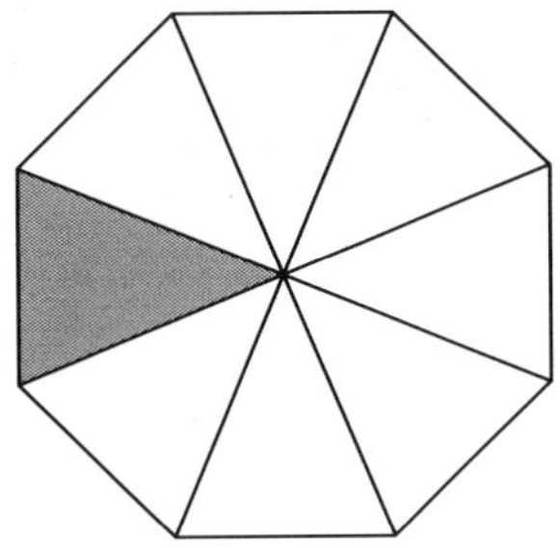

____

c)

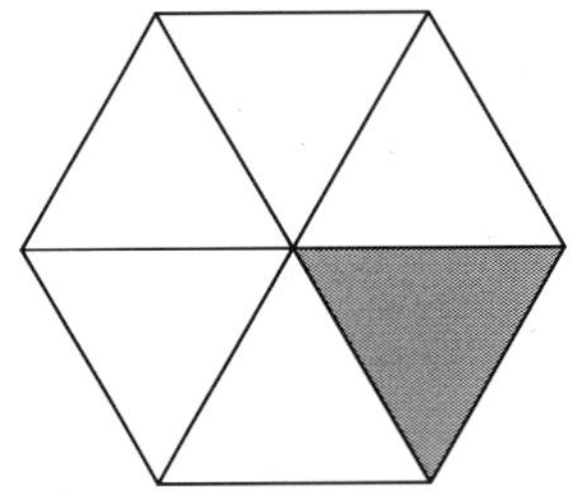

____

d)

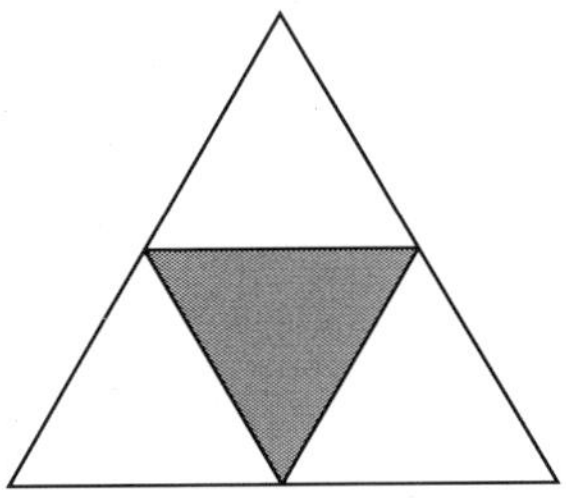

____

e)

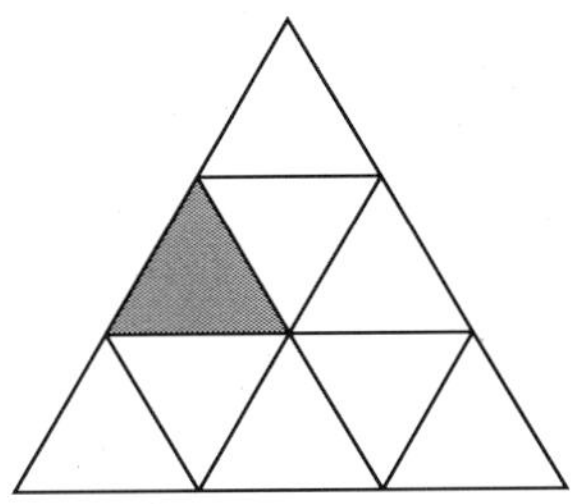

____

f)

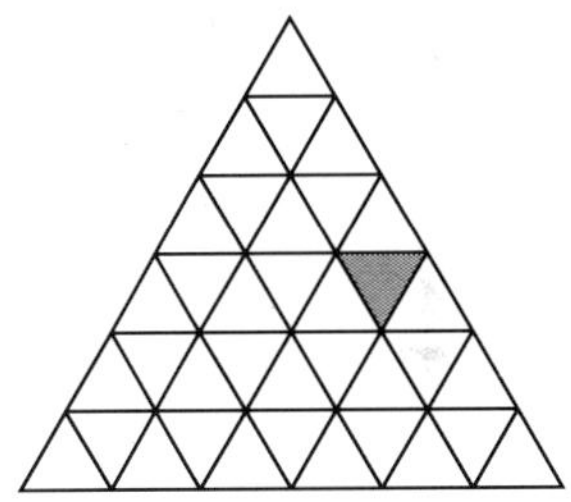

____

g)

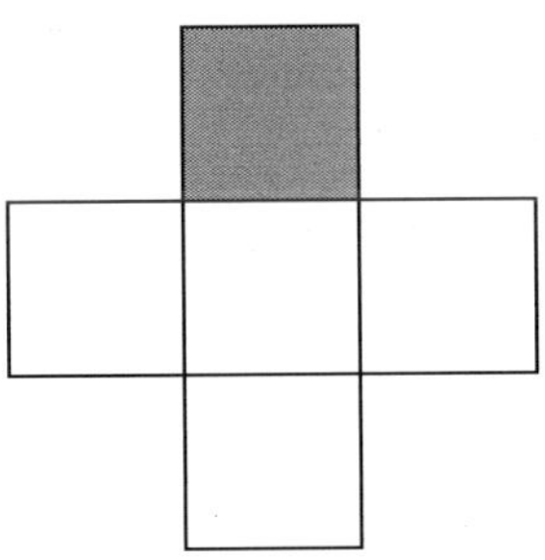

____

h)

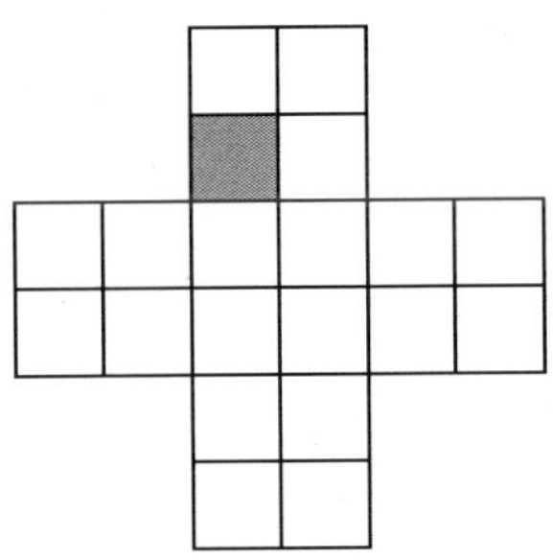

____

i)

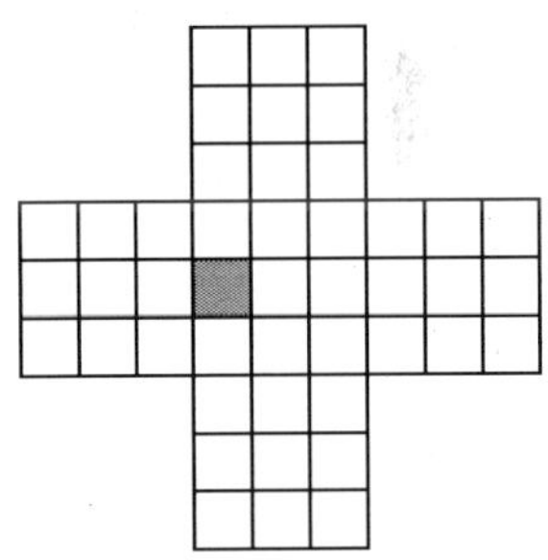

____

j)

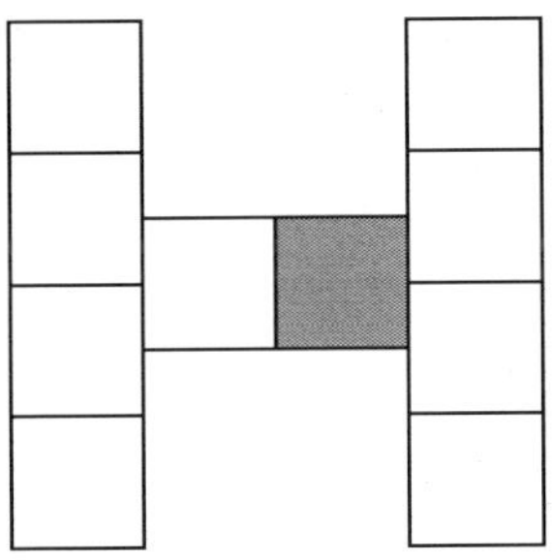

____

k)

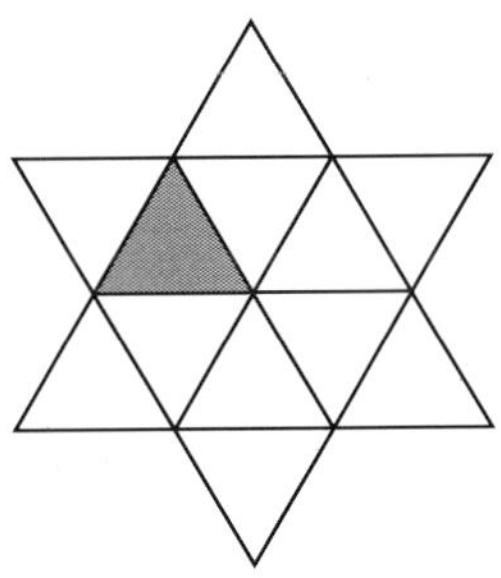

____

l)

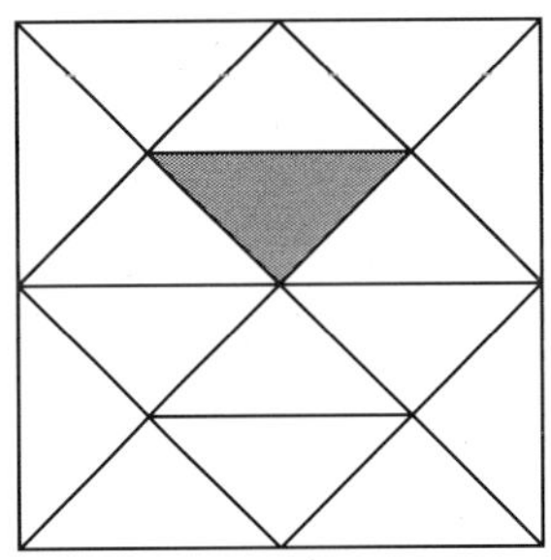

____

27 Stammbrüche zeichnen – Vierecke

Teile die Vierecke in die angegebenen Bruchteile auf.
Male jeweils ein Teil an.

a)

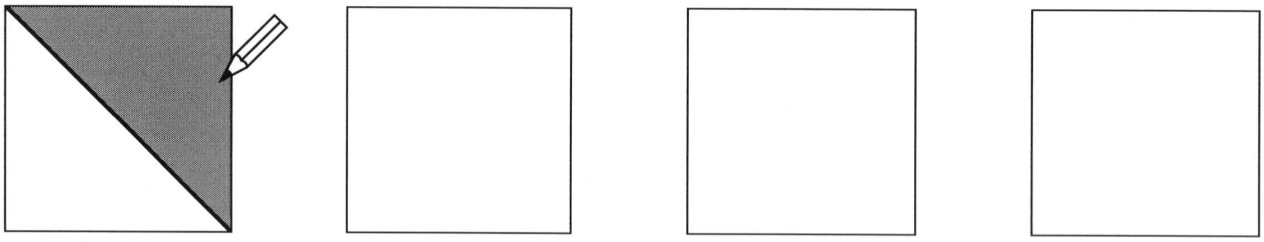

$\frac{1}{2}$ $\frac{1}{4}$ $\frac{1}{8}$ $\frac{1}{1}$

b)

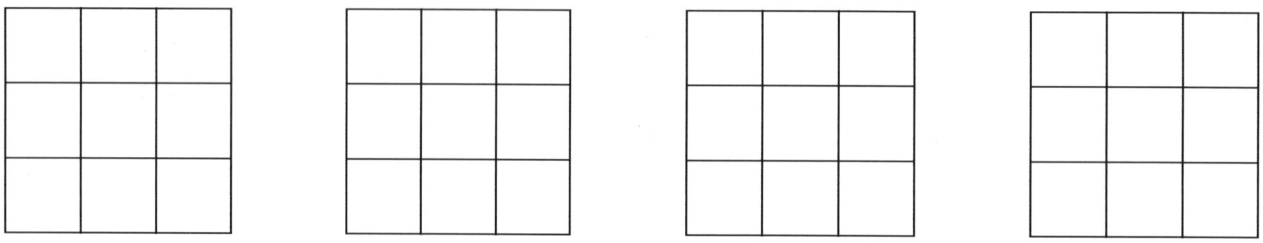

$\frac{1}{3}$ $\frac{1}{9}$ $\frac{1}{6}$ $\frac{1}{2}$

c)

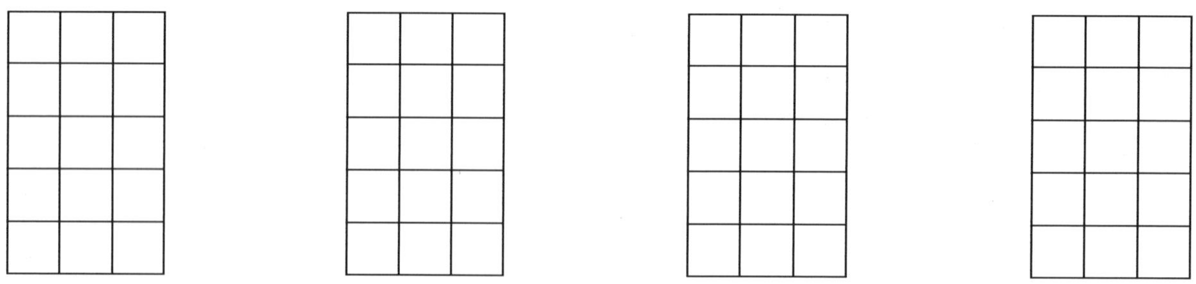

$\frac{1}{3}$ $\frac{1}{5}$ $\frac{1}{15}$ $\frac{1}{6}$

d)

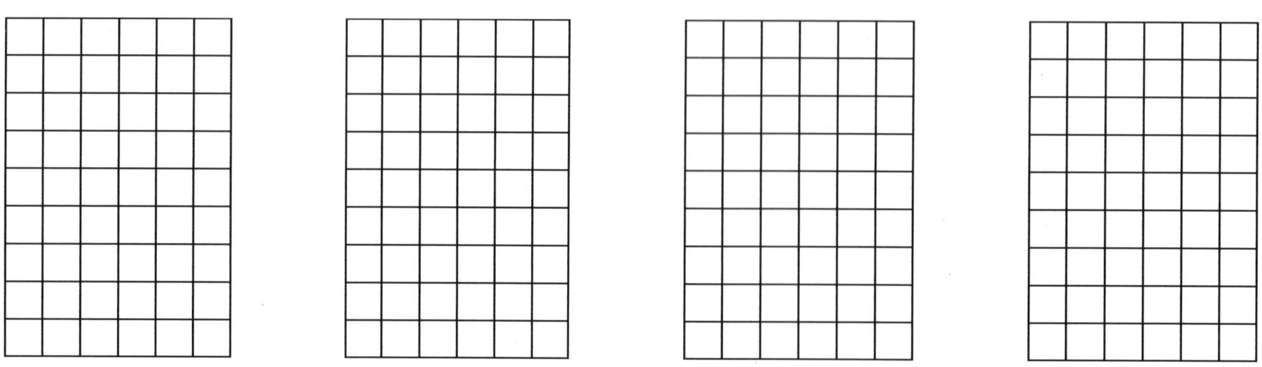

$\frac{1}{6}$ $\frac{1}{9}$ $\frac{1}{18}$ $\frac{1}{12}$

Stammbrüche zeichnen – Kreise

Teile die Kreise in die angegebenen Bruchteile auf.
Male jeweils ein Teil an.

a) 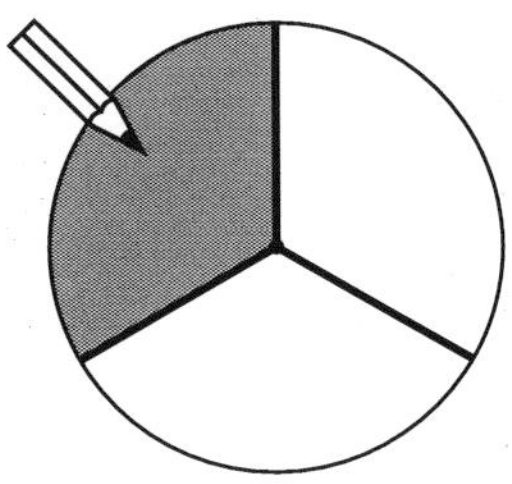

$\frac{1}{3}$

b) 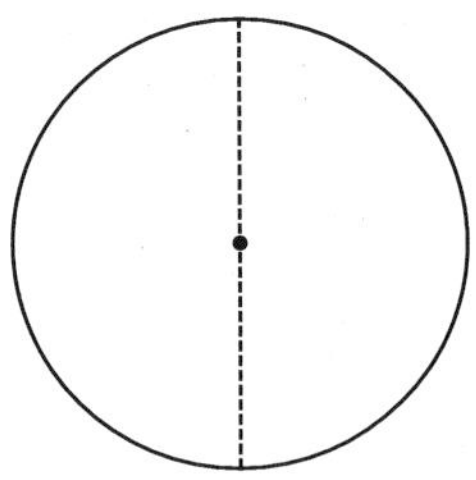

$\frac{1}{4}$

c) 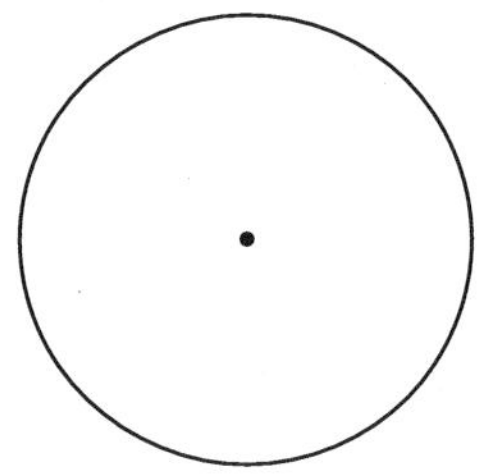

$\frac{1}{1}$

d) 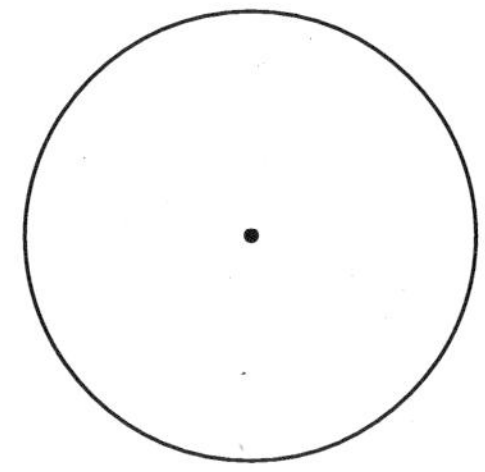

$\frac{1}{2}$

e) 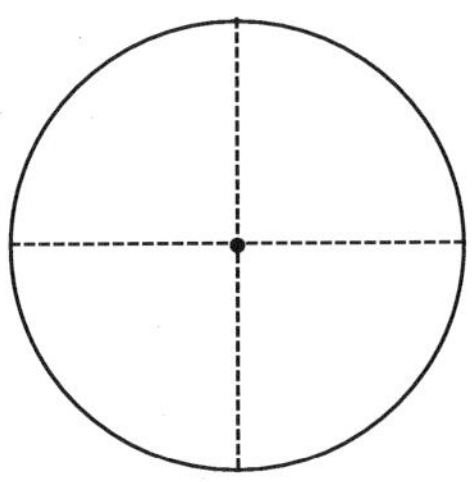

$\frac{1}{8}$

f) 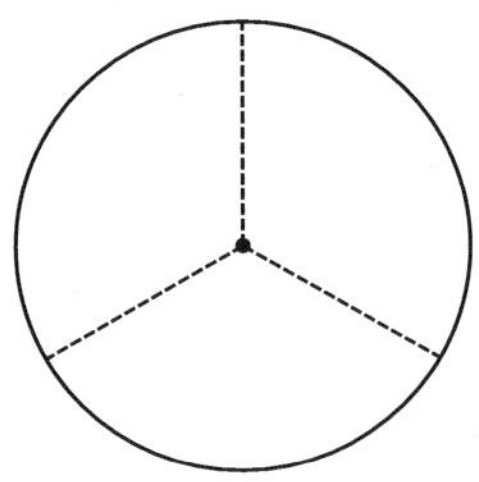

$\frac{1}{3}$

g) 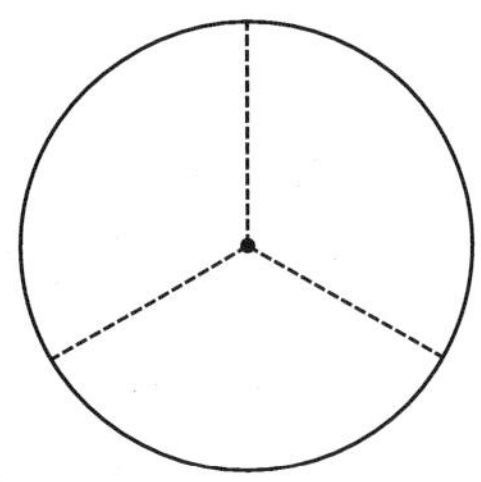

$\frac{1}{6}$

h) 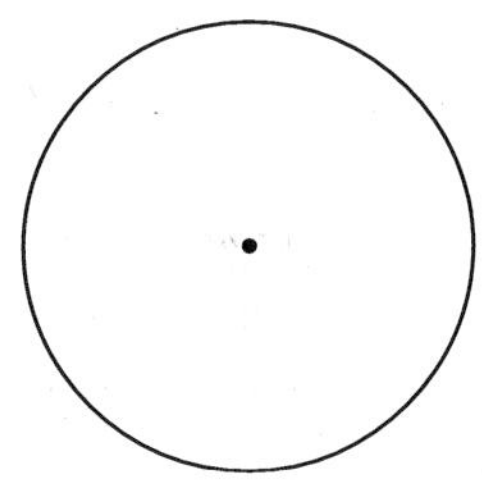

$\frac{1}{4}$

i) 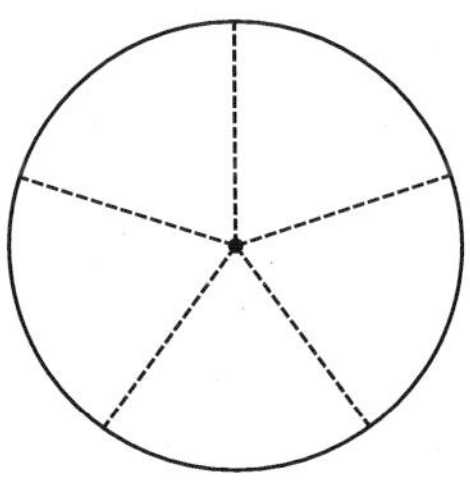

$\frac{1}{5}$

j) 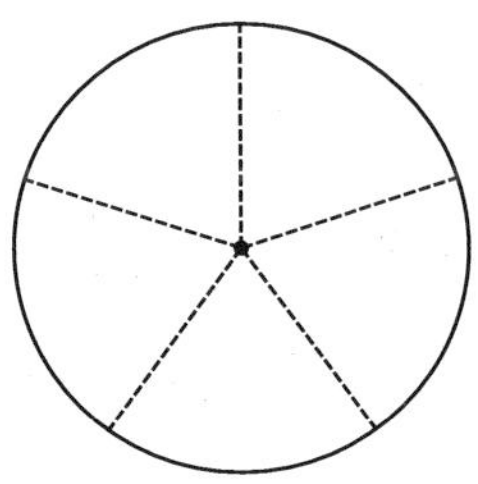

$\frac{1}{10}$

k) 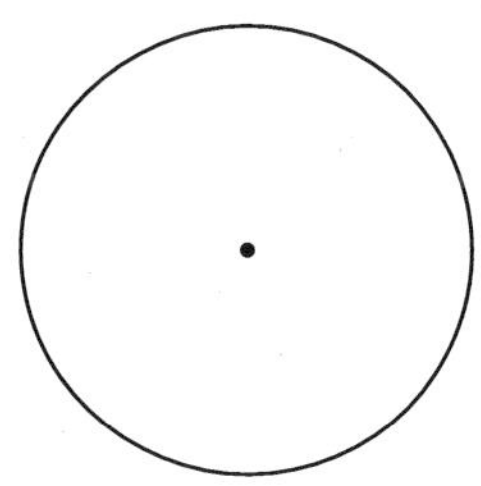

$\frac{1}{1}$

l) 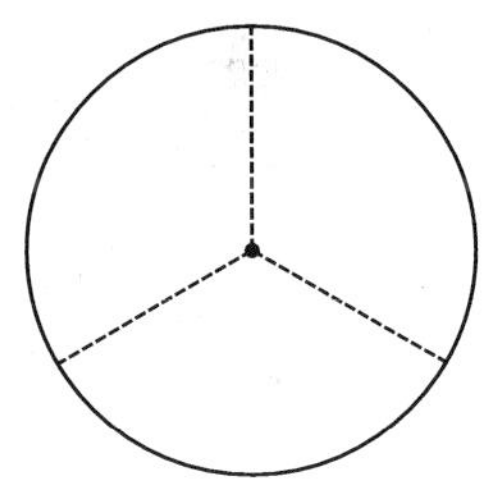

$\frac{1}{12}$

m) 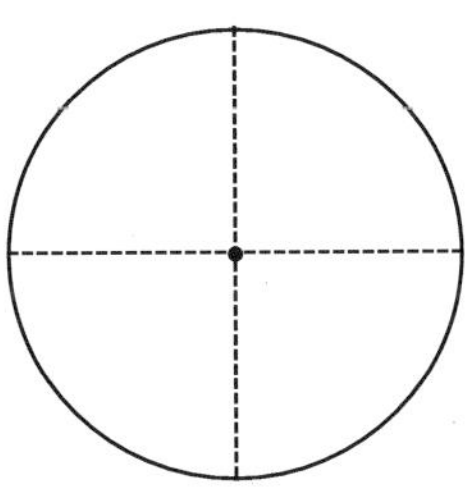

$\frac{1}{16}$

n) 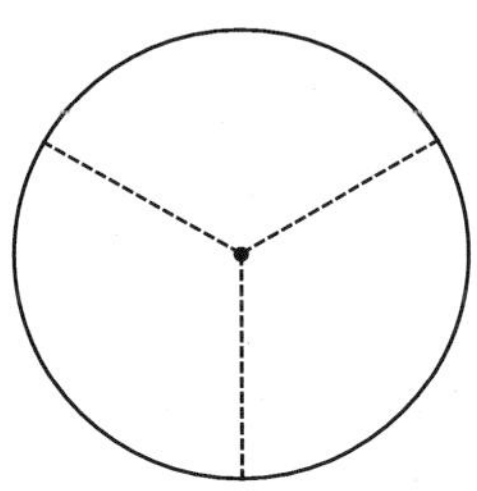

$\frac{1}{9}$

o) 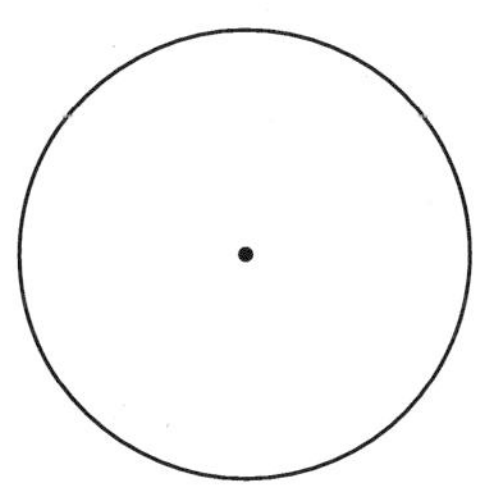

p) 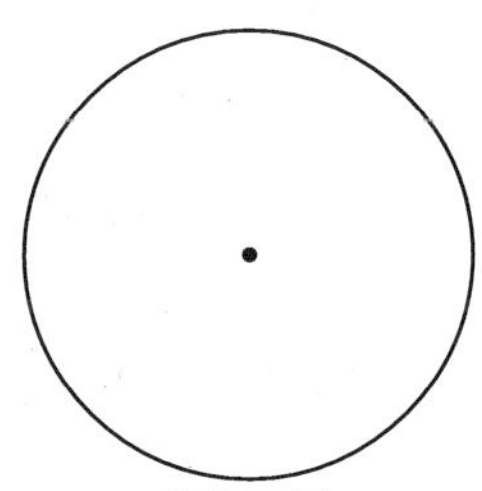

29 Stammbrüche zeichnen – Figuren

1 Teile die Figuren in die angegebenen Bruchteile auf.
Male jeweils ein Teil an.

a)
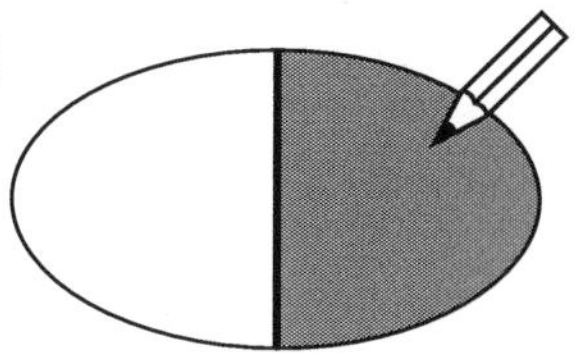
$\frac{1}{2}$

b)
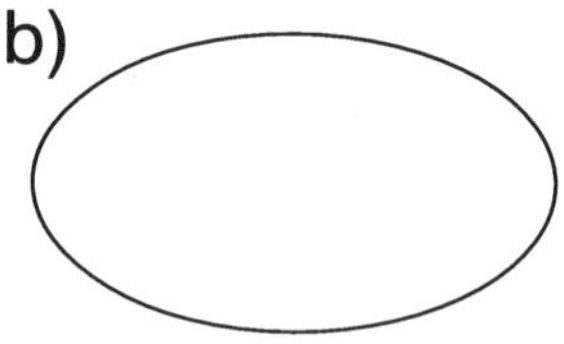
$\frac{1}{4}$

c)
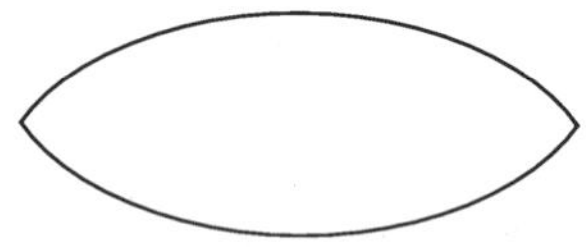
$\frac{1}{2}$

d)
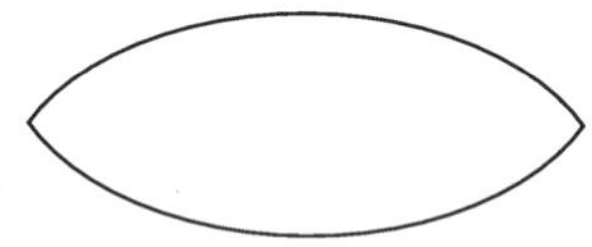
$\frac{1}{4}$

e)
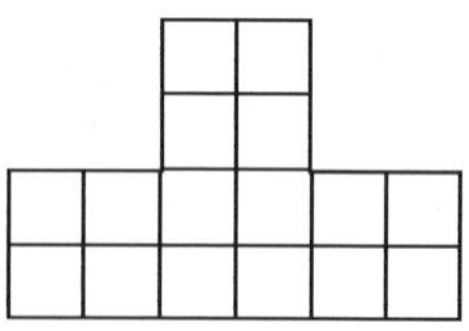
$\frac{1}{2}$

f)
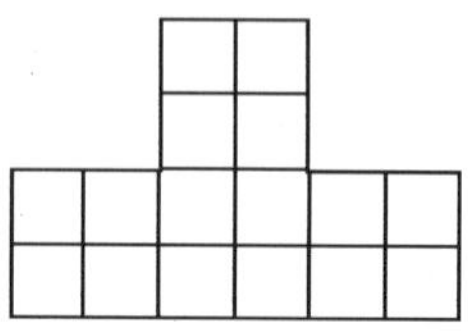
$\frac{1}{4}$

g)
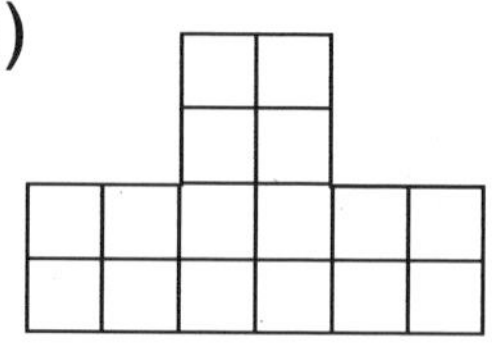
$\frac{1}{8}$

h)
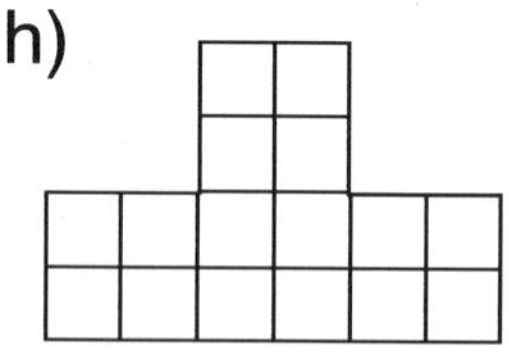
$\frac{1}{16}$

i)
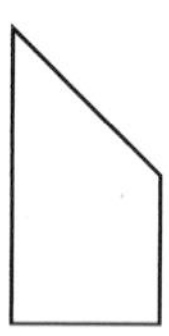
$\frac{1}{3}$

j)
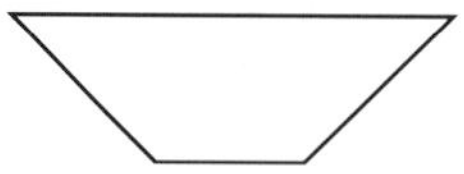
$\frac{1}{4}$

k)
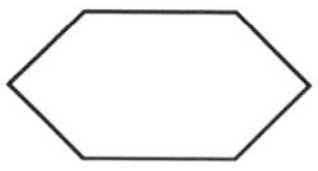
$\frac{1}{6}$

l)
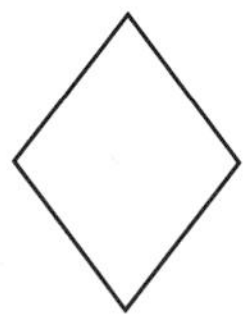
$\frac{1}{3}$

2 Erfinde selbst zwei Figuren.
Teile die eine Figur in Drittel und die andere in Viertel.
Male jeweils ein Teil an.

Stammbrüche – gemischte Übungen

1 Kreise den richtigen Stammbruch ein.

a) 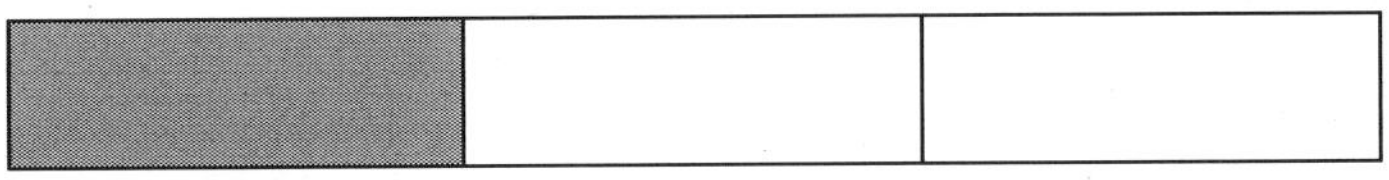 $\frac{1}{2}$ $\frac{1}{3}$ $\frac{1}{4}$

b) 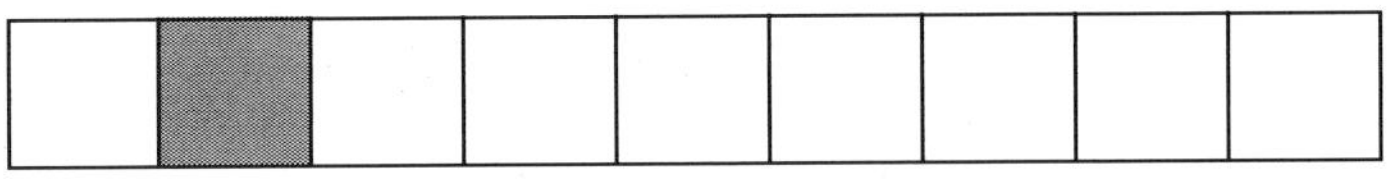 $\frac{1}{7}$ $\frac{1}{8}$ $\frac{1}{9}$

c) 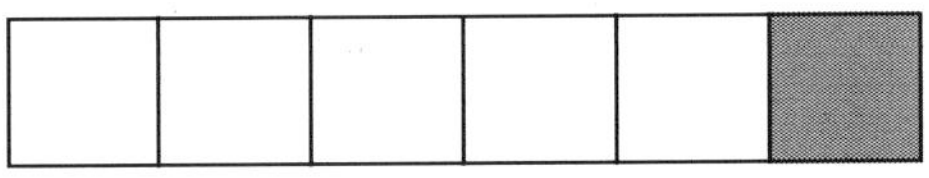 $\frac{1}{6}$ $\frac{1}{7}$ $\frac{1}{8}$

d) 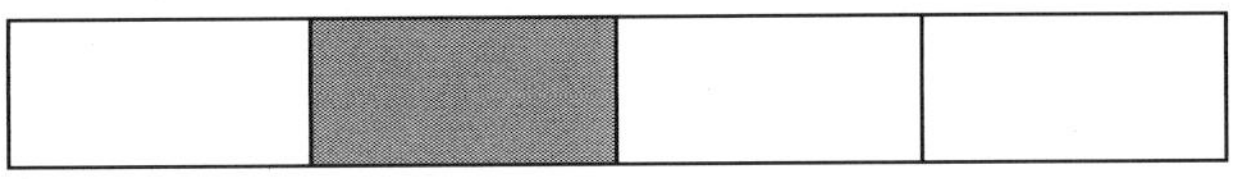 $\frac{1}{2}$ $\frac{1}{4}$ $\frac{1}{6}$

e) 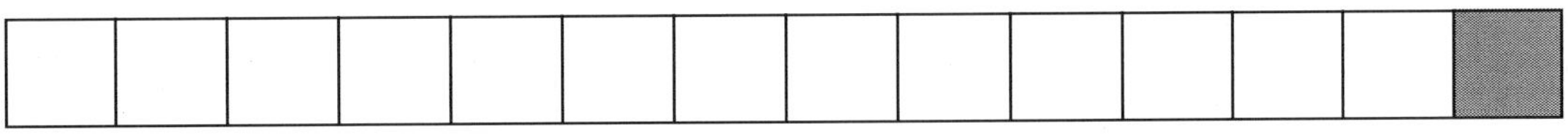 $\frac{1}{13}$ $\frac{1}{14}$ $\frac{1}{15}$

2 Teile die Streifen in die angegebenen Bruchteile auf.
Male jeweils ein Teil an.

a) 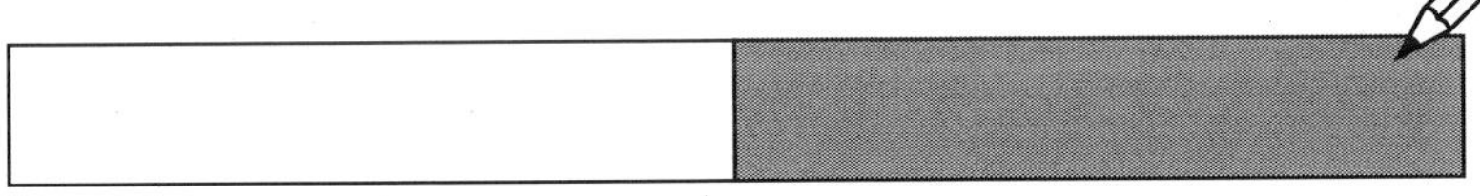 $\frac{1}{2}$

b) $\frac{1}{10}$

c) $\frac{1}{5}$

d) $\frac{1}{3}$

e) $\frac{1}{4}$

f) $\frac{1}{12}$

g) $\frac{1}{5}$

h) $\frac{1}{3}$

Zähler und Nenner

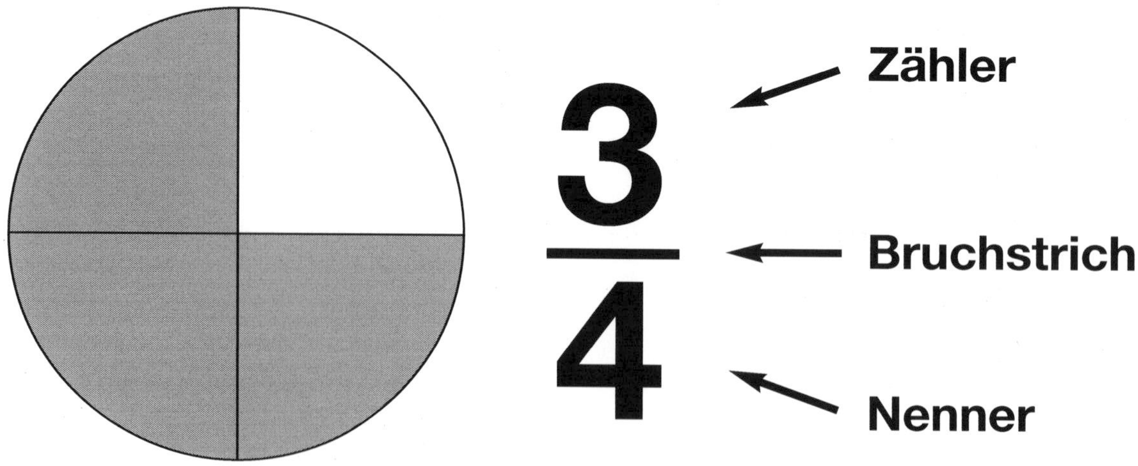

„Drei Viertel" bedeutet „3 Teile von 4 Teilen".

Der Zähler gibt an, wie viele Teile vom Ganzen genommen werden.
Der Nenner gibt an, in wie viele gleiche Teile das Ganze geteilt ist.

Bestimme Zähler und Nenner.

a)

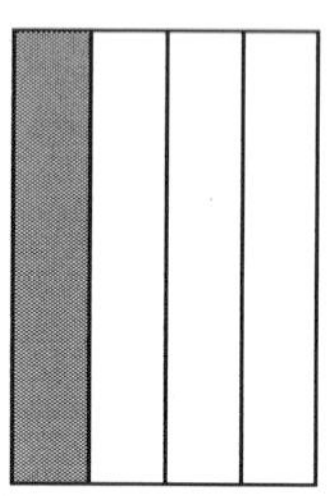

Zähler: ___
Nenner: ___

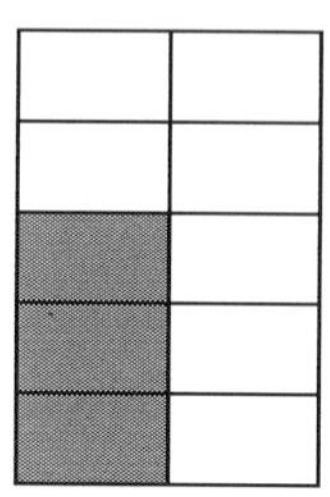

Zähler: ___
Nenner: ___

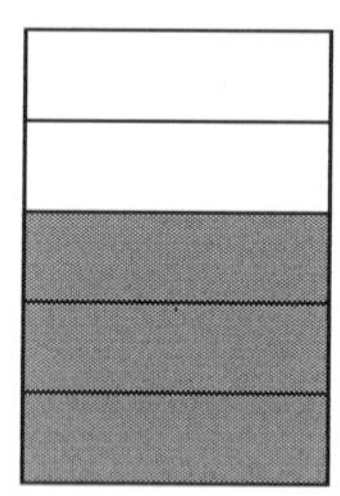

Zähler: ___
Nenner: ___

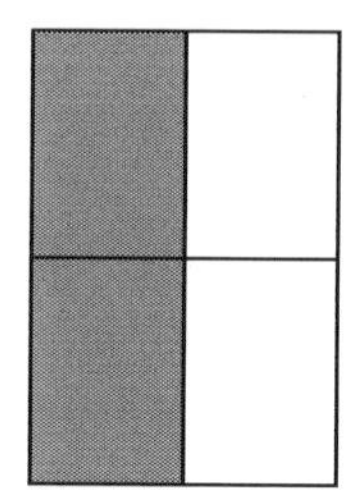

Zähler: ___
Nenner: ___

b)

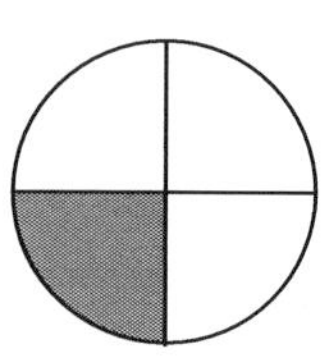

Zähler: ___
Nenner: ___

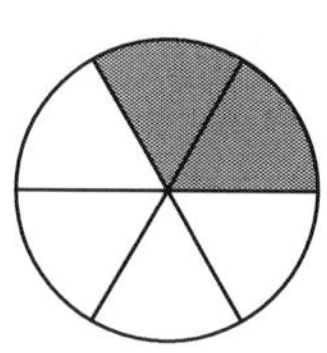

Zähler: ___
Nenner: ___

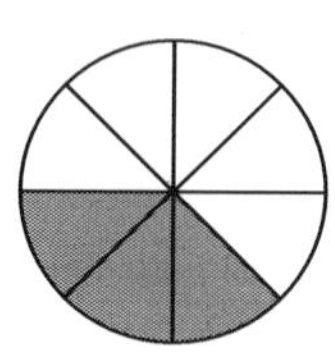

Zähler: ___
Nenner: ___

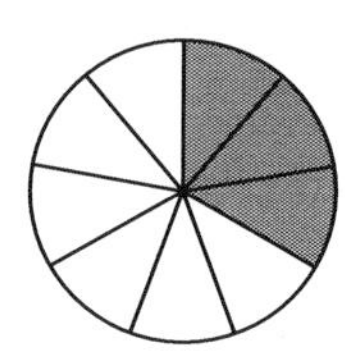

Zähler: ___
Nenner: ___

Benennungen – Übungen

1 Beantworte die Fragen.

a) An welcher Stelle steht der Zähler? ______________ dem Bruchstrich.

b) Was gibt der Zähler an? ____

____

c) Wo steht der Nenner? ______________ dem Bruchstrich.

d) Was gibt der Nenner an? ____

____

2 Bestimme Zähler und Nenner.

a)

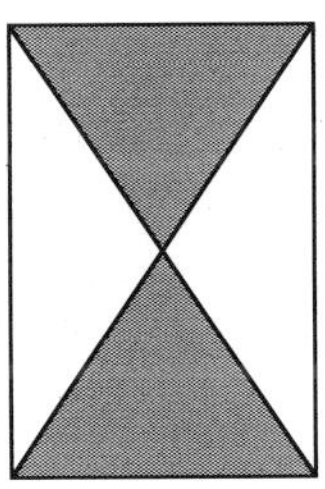

Zähler: ___
Nenner: ___

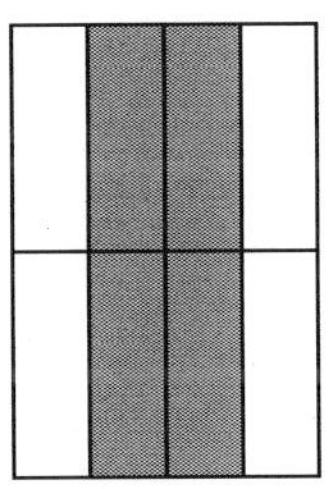

Zähler: ___
Nenner: ___

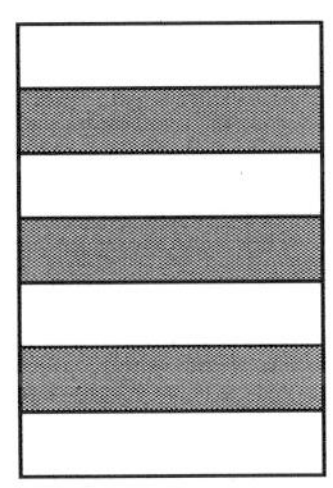

Zähler: ___
Nenner: ___

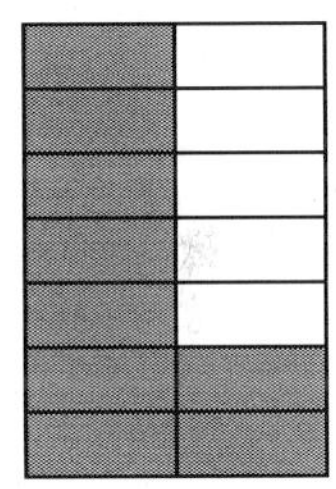

Zähler: ___
Nenner: ___

b)

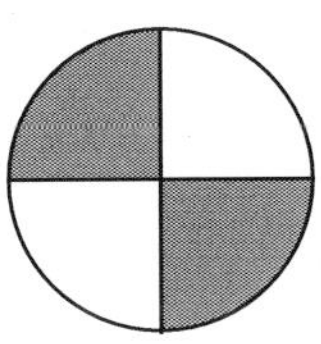

Zähler: ___
Nenner: ___

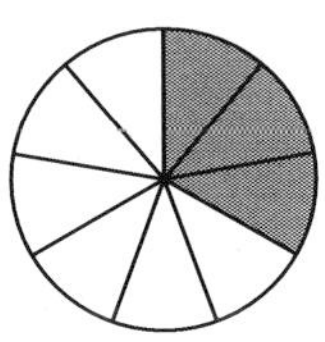

Zähler: ___
Nenner: ___

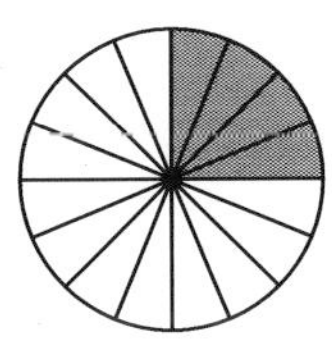

Zähler: ___
Nenner: ___

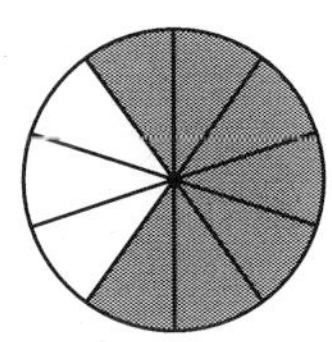

Zähler: ___
Nenner: ___

33

Anteile – Flaschen

Gib den Anteil der vollen Flaschen an.

a)

$\frac{3}{5}$

b)

c)

d)

e)

f)

g)

h)

i)

j)

k)

l)

Aufgaben aus dem Alltag 1

❶ Gib den Anteil der Äpfel mit Würmern an.

a)

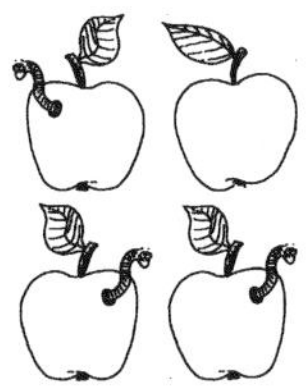

$\frac{3}{4}$

b)

$\frac{}{}$

c)

$\frac{}{}$

d)

$\frac{}{}$

❷ Gib den Anteil der schwarzen Murmeln an.

a)

$\frac{}{}$

b)

$\frac{}{}$

c)

$\frac{}{}$

d)

$\frac{}{}$

❸ Gib den Anteil der geschlüpften Küken an.

a)

$\frac{}{}$

b)

$\frac{}{}$

Aufgaben aus dem Alltag 2

❶ Kai viertelt eine Pizza.
Sven bekommt ein Viertel der Pizza.
Steffen erhält eine Hälfte.

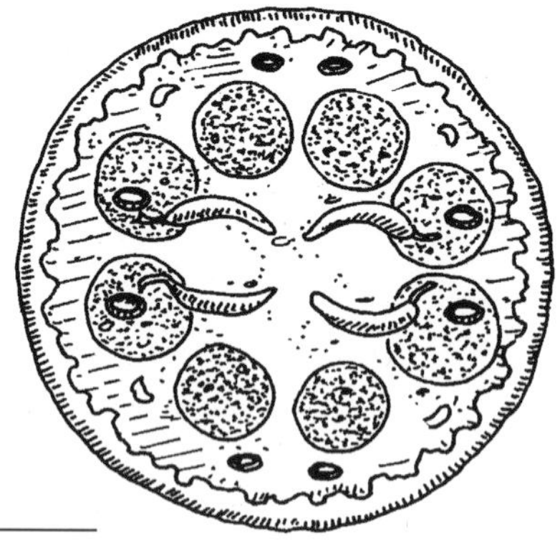

a) Zeichne ein.
b) Welcher Anteil der Pizza bleibt für Kai übrig?

____

❷ Lars bekommt während seiner Ausbildung monatlich 300 €.
Zu Hause muss er $\frac{1}{6}$ davon abgeben. Wie viel muss er abgeben?
Rechnung:

Antwort: ____

❸ Wie viele Monate hat ...

a) $\frac{1}{4}$ Jahr? __________ Monate.

b) $\frac{1}{2}$ Jahr? __________ Monate.

c) $\frac{3}{4}$ Jahr? __________ Monate.

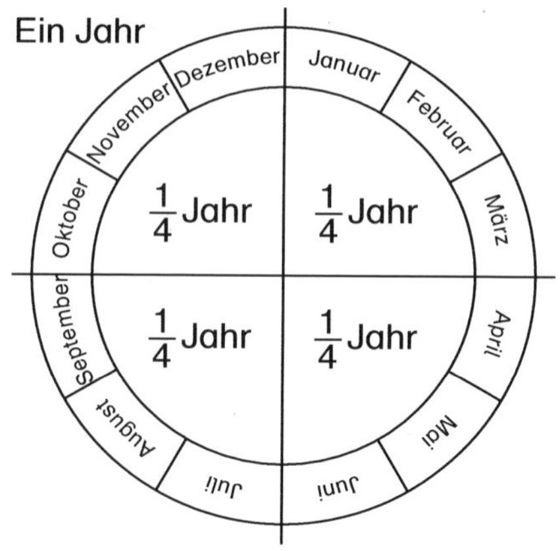

❹ Überlege dir eine Aufgabe mit Anteilen.

Aufgabe: ____

____

Zeichnung/Rechnung:

36

Schüttversuche

Du brauchst:
- Gefäß mit 1 Liter Wasser
- Lebensmittelfarbe
- 4 gleich große Gläser (durchsichtig)

Färbe mit der Lebensmittelfarbe das Wasser.

❶ Fülle einen halben Liter Wasser ab. (Ohne Messbecher!)
Beschreibe die Arbeitsschritte.

1. ______________________________

2. ______________________________

3. ______________________________

4. ______________________________

❷ Fülle einen dreiviertel Liter Wasser ab. (Ohne Messbecher!)
Beschreibe die Arbeitsschritte.
Schneide dazu die Kärtchen unten aus.
Klebe sie in der richtigen Reihenfolge hier auf.

①		②		③		④		⑤
	⇨		⇨		⇨		⇨	

✂ -

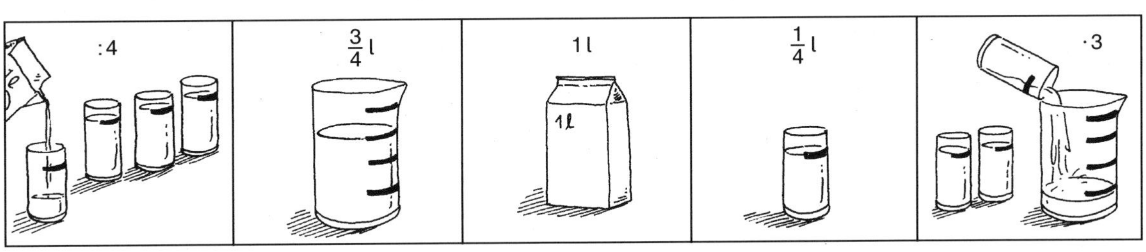

37

Bruchteile herstellen – Streifen

Die Zahl über dem Strich gibt an, wie viele Teile gemeint sind.

✂ Schneide aus: 8 Streifen

Schneidevorlage 4

Schneide von den Streifen die angegebenen Anteile ab. Klebe sie hier auf.

a) $\frac{4}{4}$

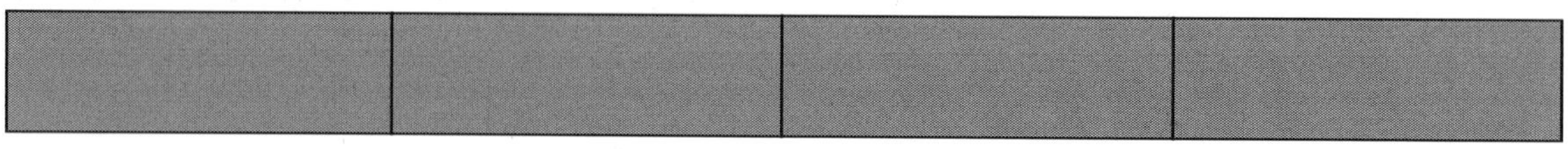

b) $\frac{1}{4}$

c) $\frac{1}{2}$

d) $\frac{3}{4}$

e) $\frac{2}{4}$

f) $\frac{8}{8}$

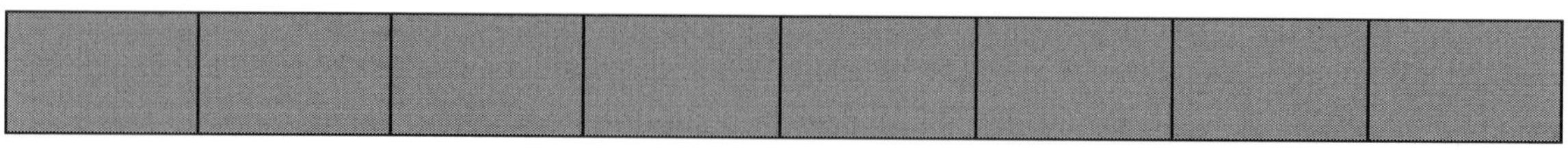

g) $\frac{3}{8}$

h) $\frac{5}{8}$

i) $\frac{7}{8}$

j) $\frac{1}{8}$

Bruchteile herstellen – Vierecke

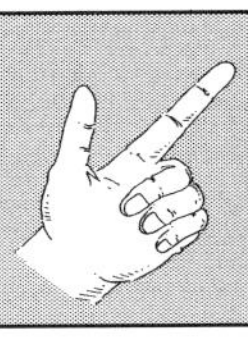

Die Zahl über dem Strich gibt an, wie viele Teile gemeint sind.

✂ Schneide aus: 4 Quadrate

Schneidevorlage 2

Falte die angegebenen Bruchteile.
Schneide die Teile aus und klebe sie hier auf.

a) $\frac{1}{8}$

b) $\frac{3}{4}$

c) $\frac{7}{8}$

d) $\frac{5}{16}$

39

Bruchteile herstellen – Kreise

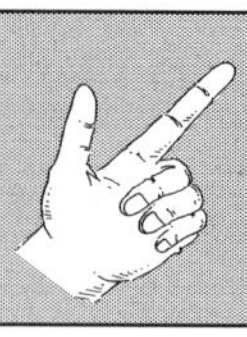

Die Zahl über dem Strich gibt an, wie viele Teile gemeint sind.

✂ Schneide aus: 4 Kreise

Schneidevorlage 1

Falte die angegebenen Bruchteile.
Schneide die Teile aus und klebe sie hier auf.

a)

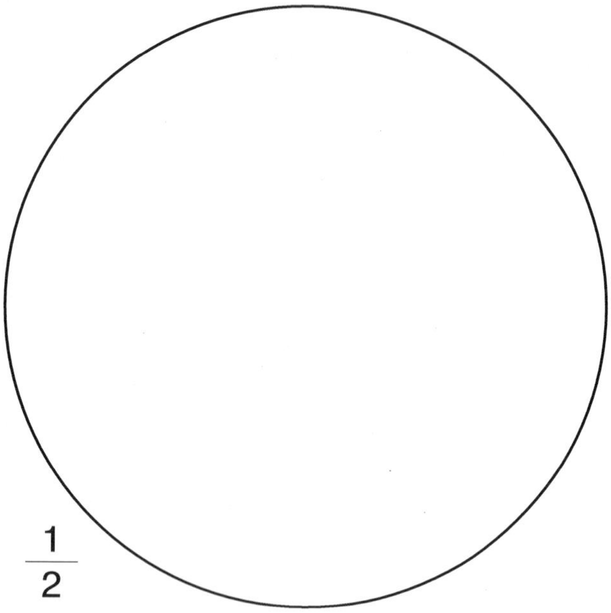

$\frac{1}{2}$

b)

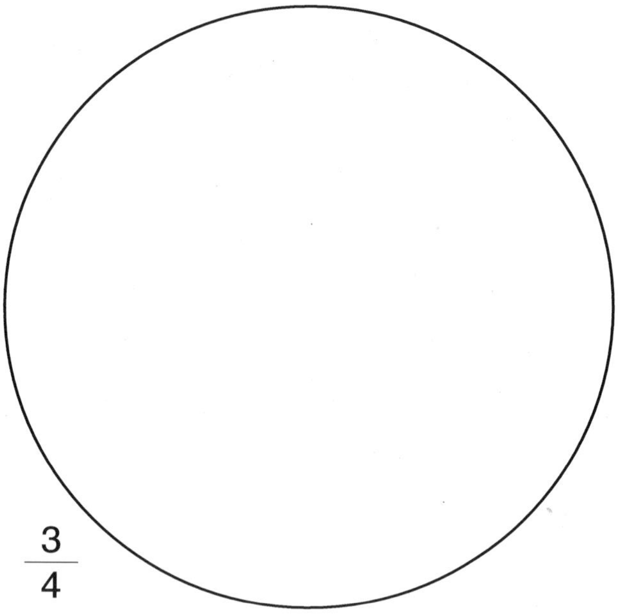

$\frac{3}{4}$

c)

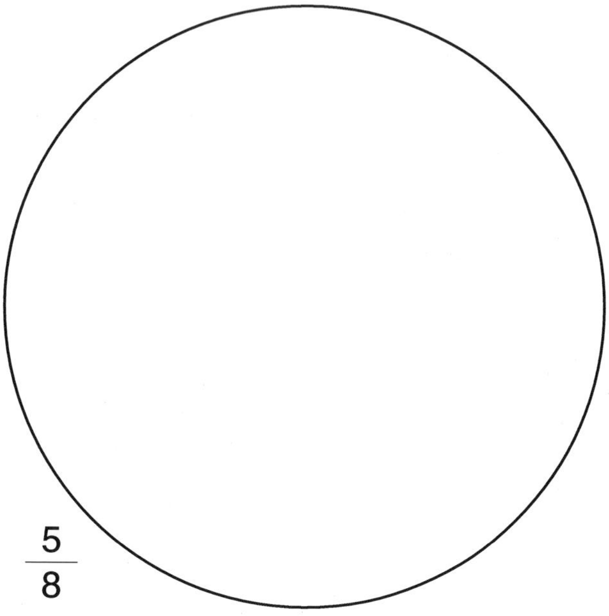

$\frac{5}{8}$

d)

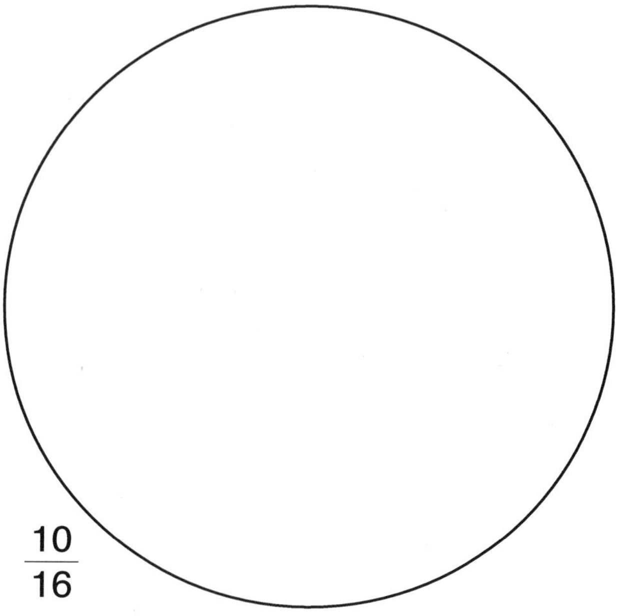

$\frac{10}{16}$

Bruchteile benennen – Vierecke

Schreibe als Bruchzahlen.

a)

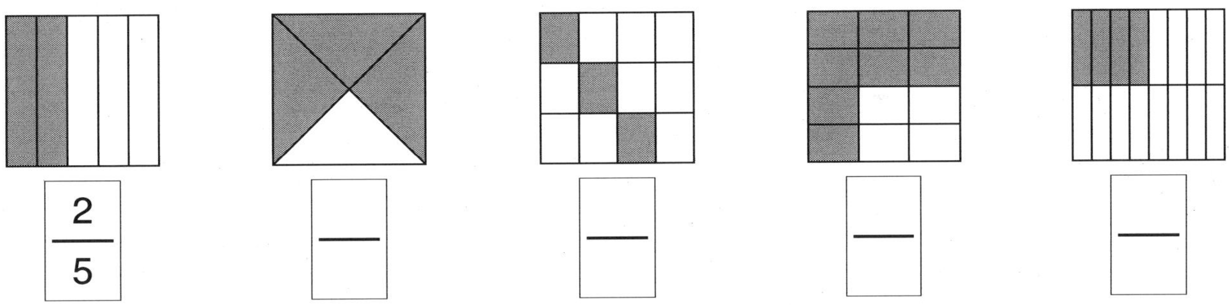

b)

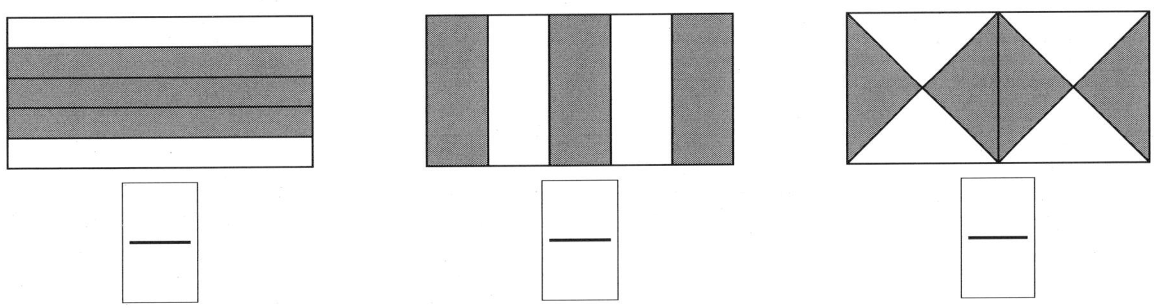

c)

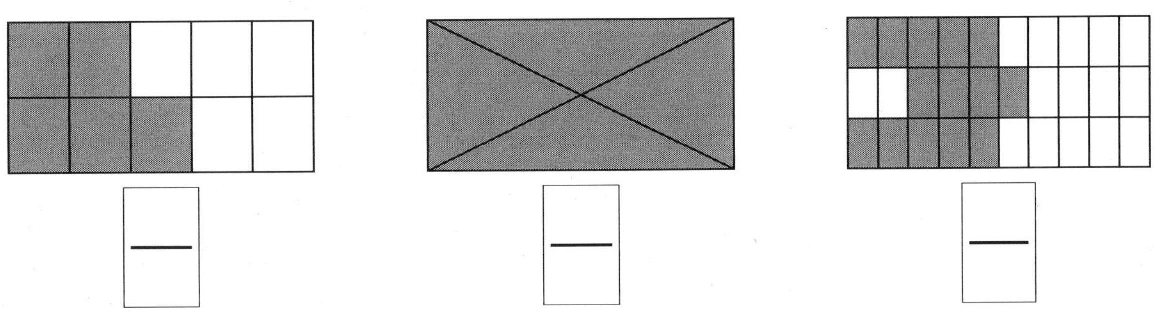

d)

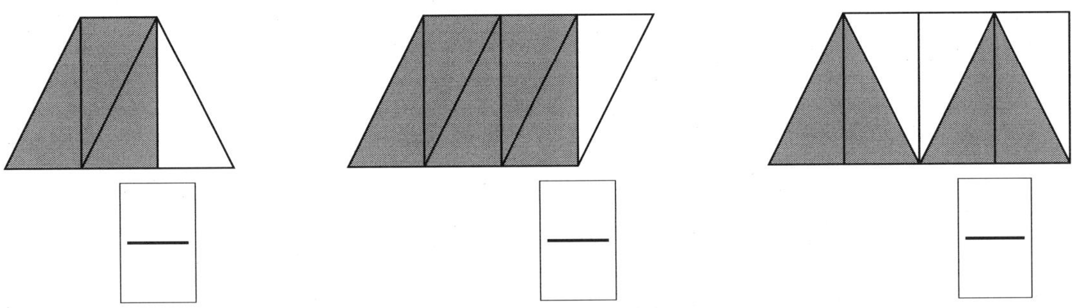

e)

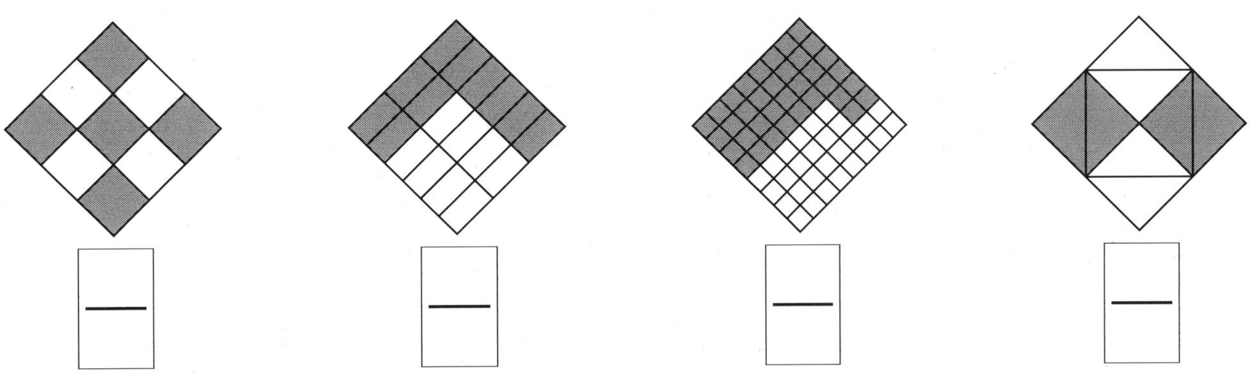

Bruchteile benennen – Kreise

Schreibe als Bruchzahlen.

a) 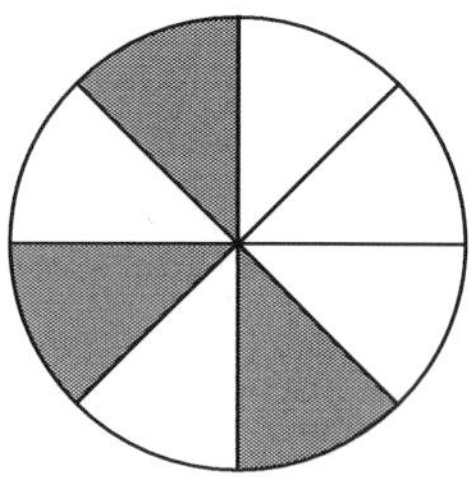

$\frac{3}{8}$

b) 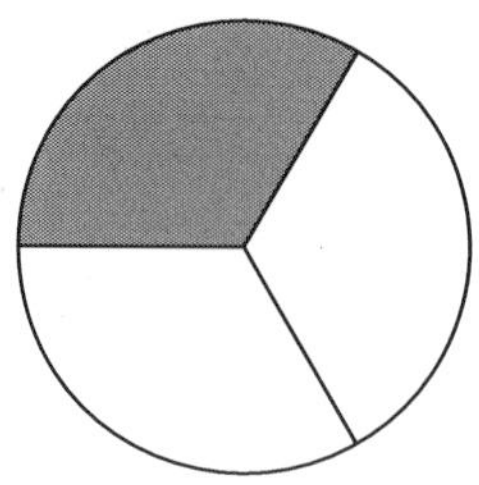

c) 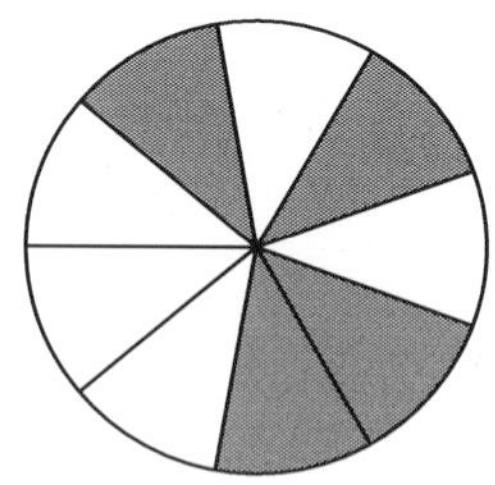

d) 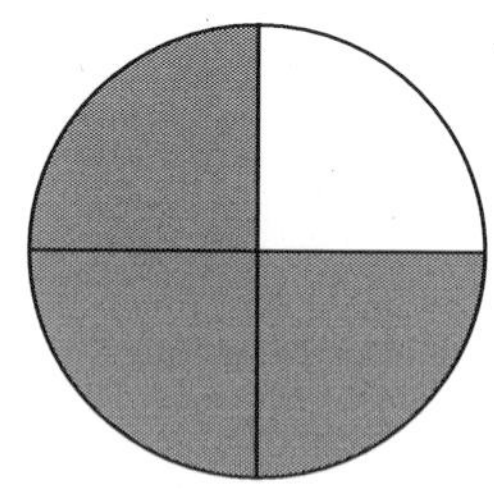

e) 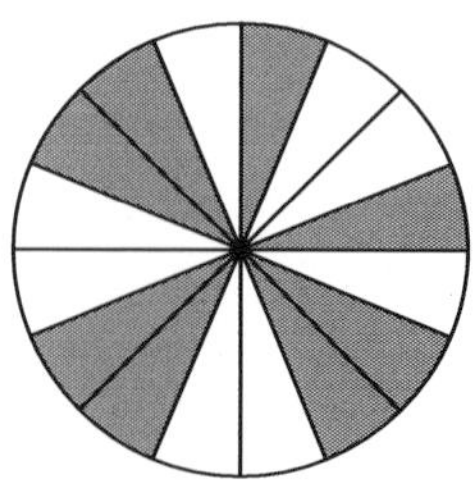

f) 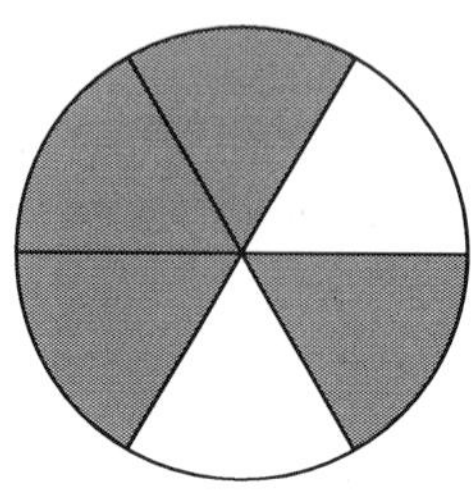

g) 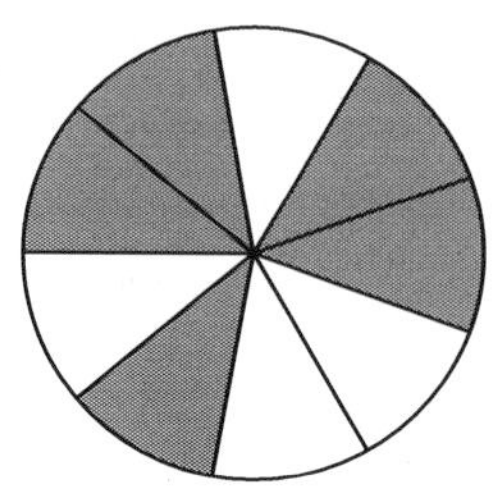

h) 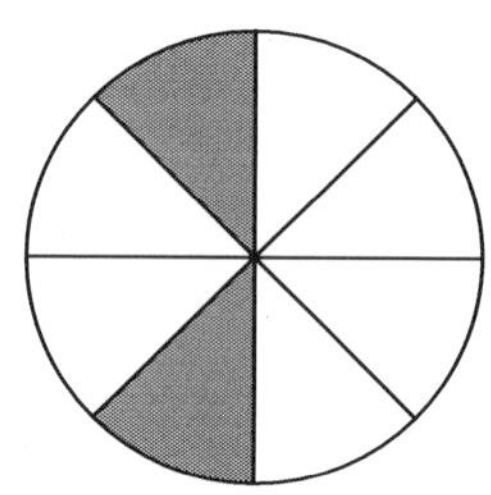

i) 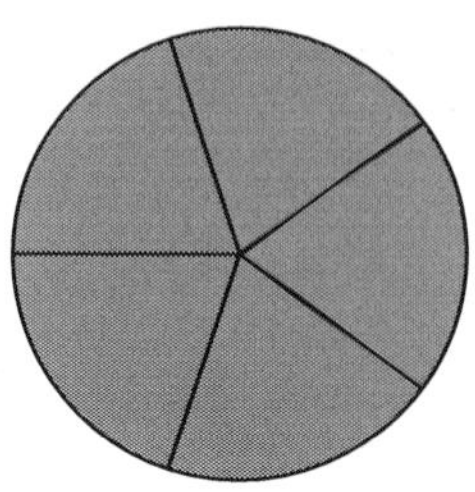

j) 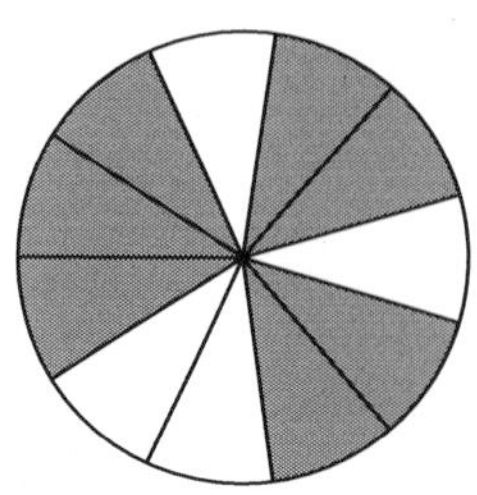

k) 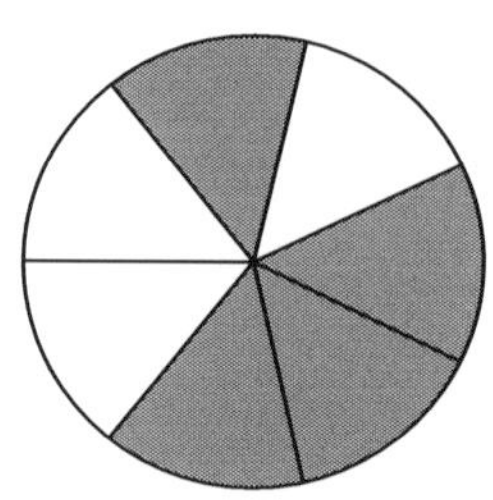

l) 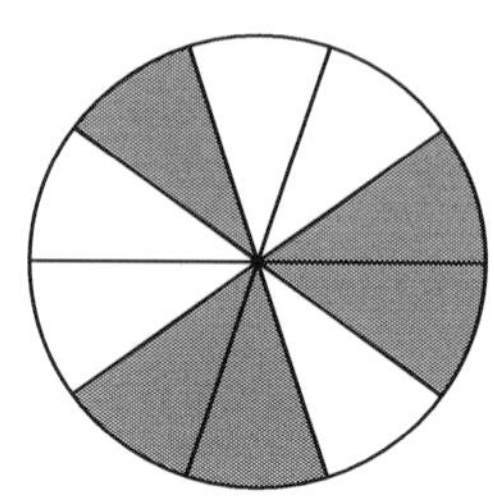

m) 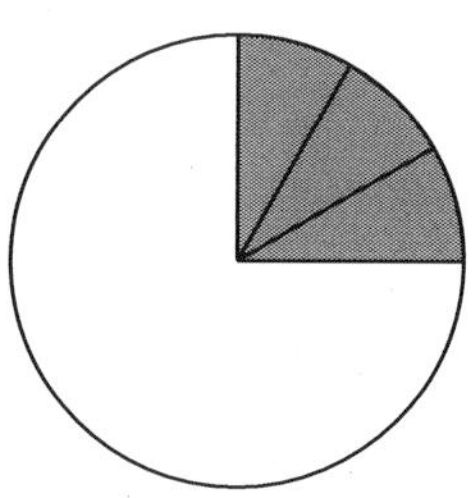

n) 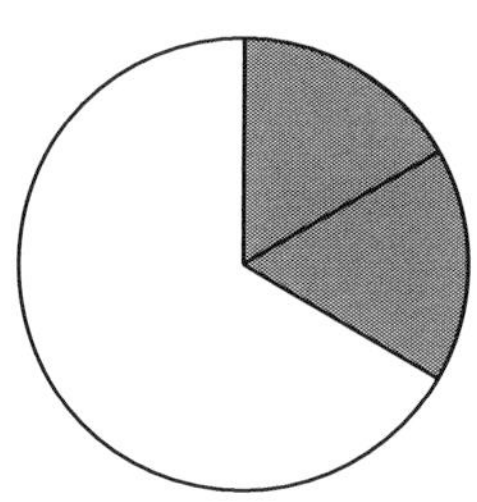

o) 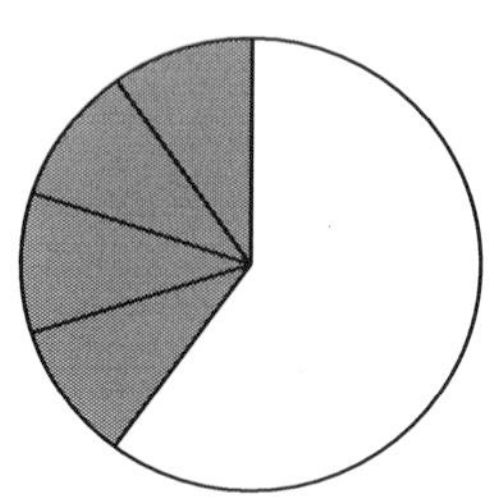

p) 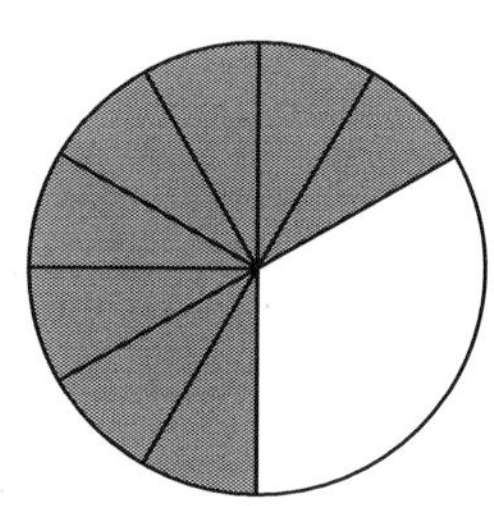

Bruchteile benennen – Figuren

Schreibe als Bruchzahlen.

a)

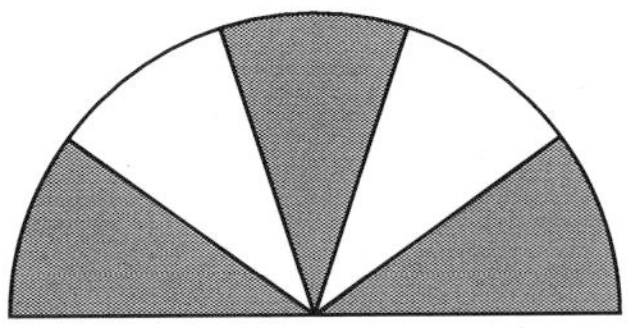

$\frac{3}{5}$

b)

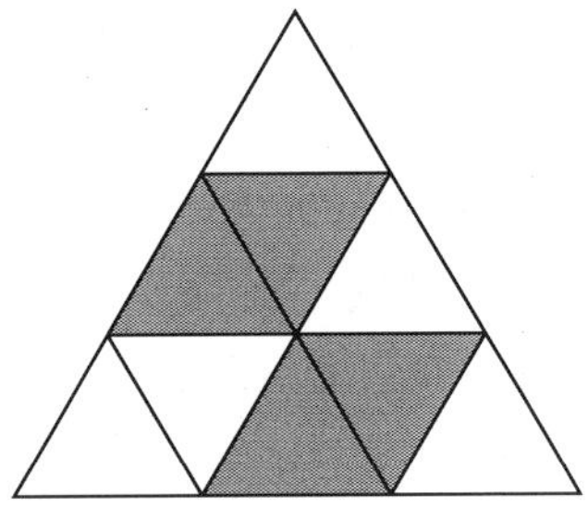

c)

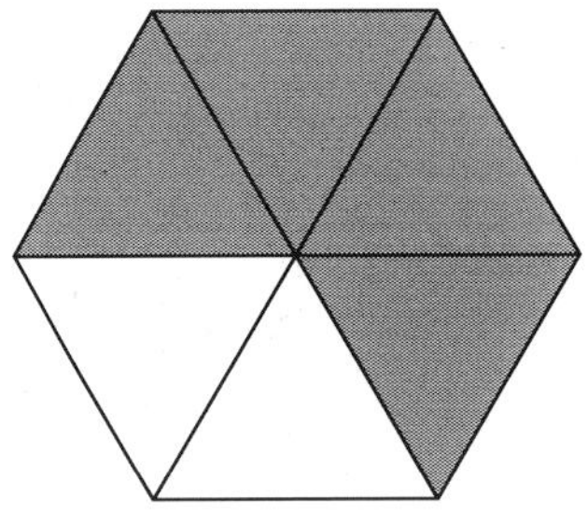

d)

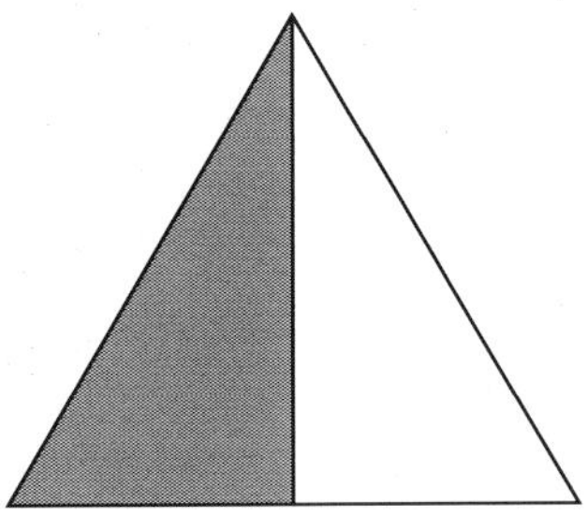

e)

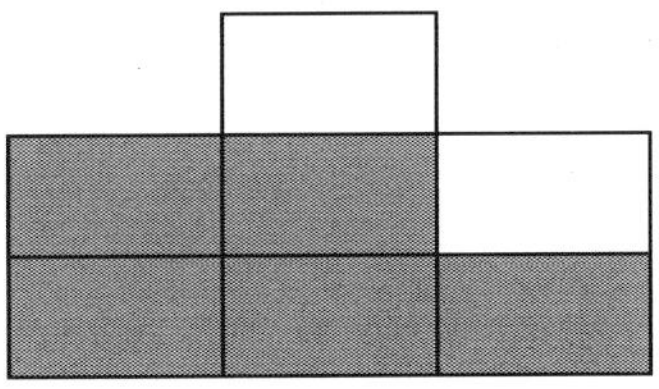

f)

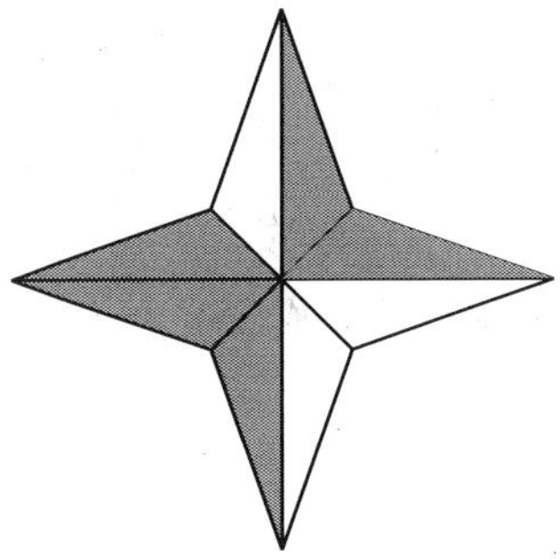

g)

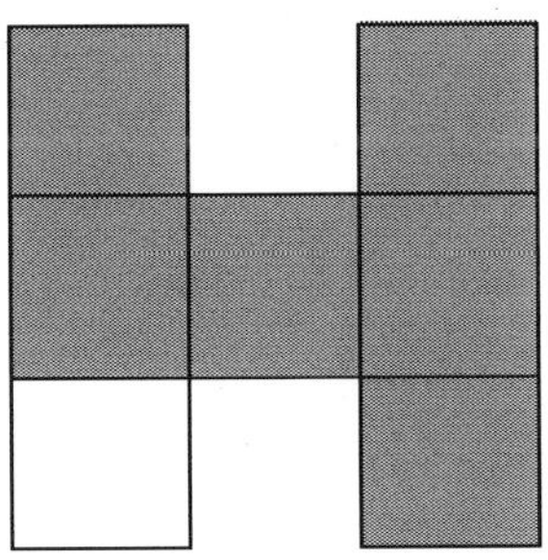

h)

i)

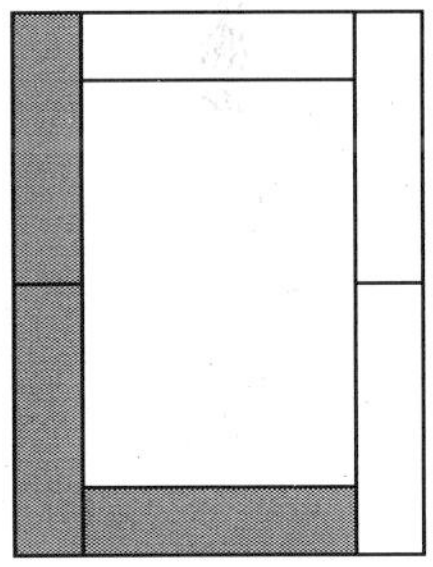

j)

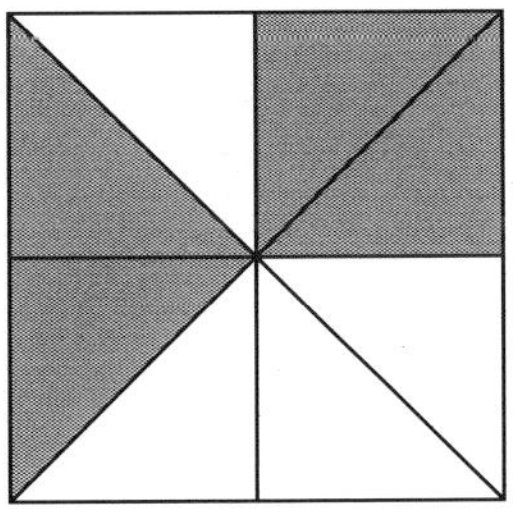

k)

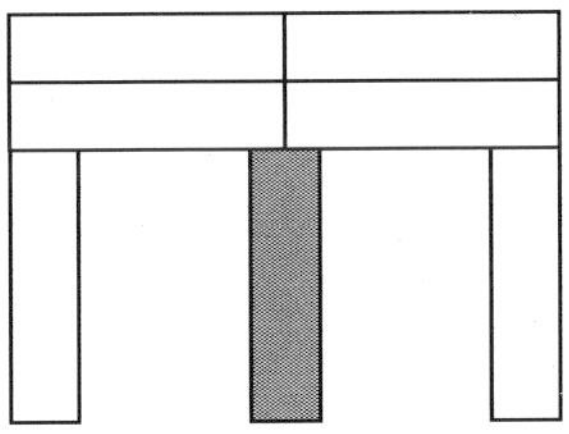

l)

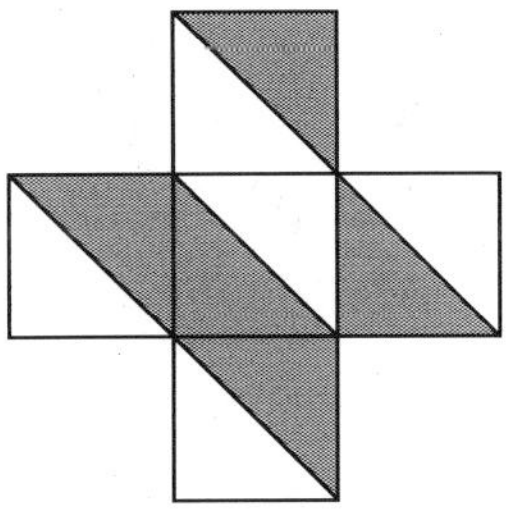

Bruchteile anmalen – Vierecke

Male die angegebenen Bruchteile an. Ergänze den Nenner.

a)

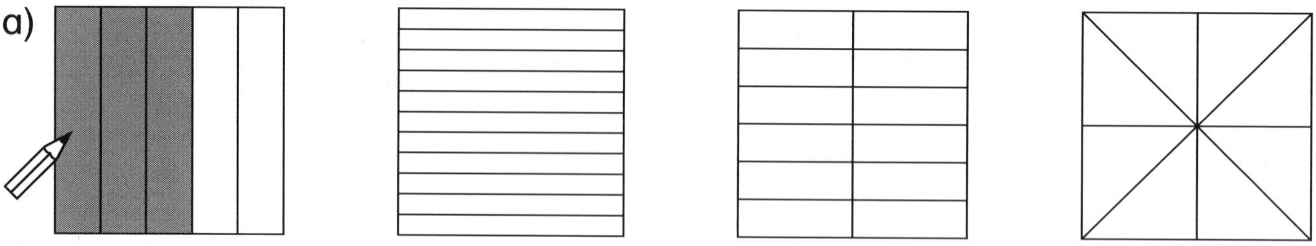

$\frac{3}{5}$ $\frac{9}{\;}$ $\frac{4}{\;}$ $\frac{3}{\;}$

b)

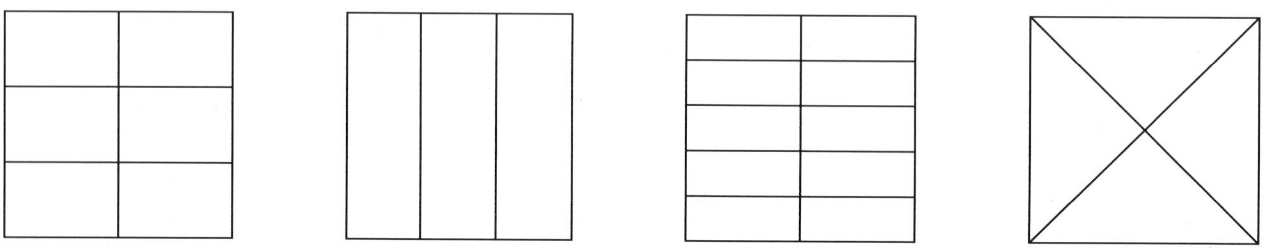

$\frac{5}{\;}$ $\frac{2}{\;}$ $\frac{6}{\;}$ $\frac{1}{\;}$

c)

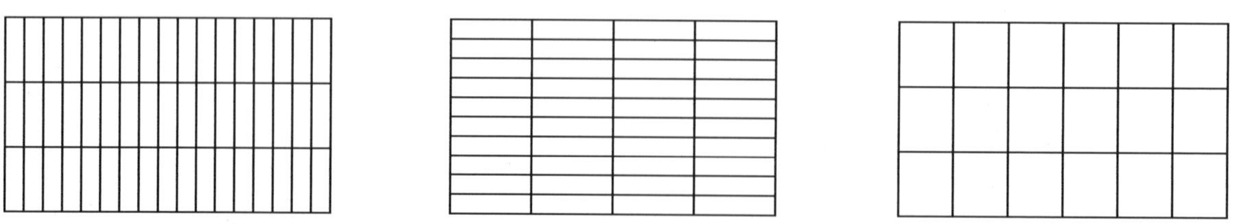

$\frac{35}{\;}$ $\frac{27}{\;}$ $\frac{10}{\;}$

d)

$\frac{15}{\;}$ $\frac{8}{\;}$

Bruchteile anmalen – Kreise

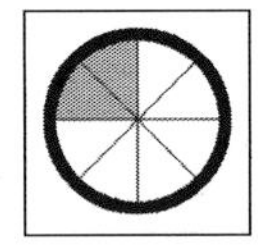

1 Male die angegebenen Bruchteile an. Finde verschiedene Möglichkeiten.

a) $\frac{4}{8}$

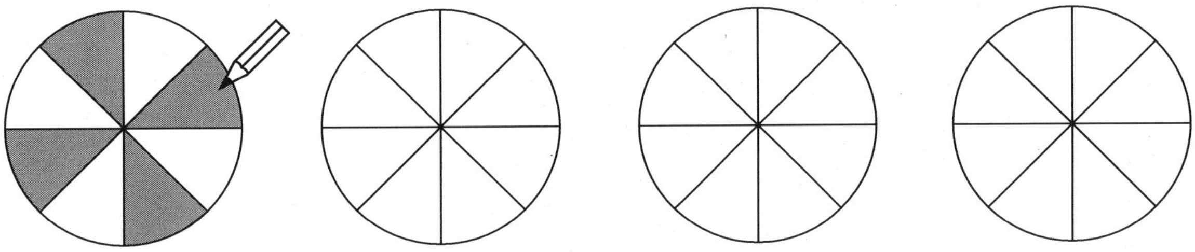

b) $\frac{5}{12}$

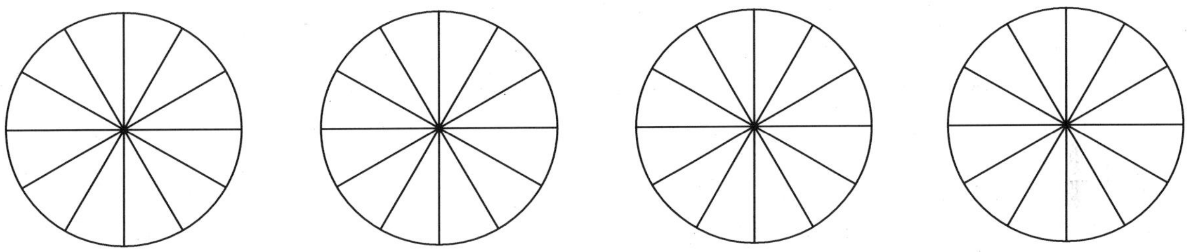

2 Male die angegebenen Bruchteile an. Ergänze den Nenner.

a)

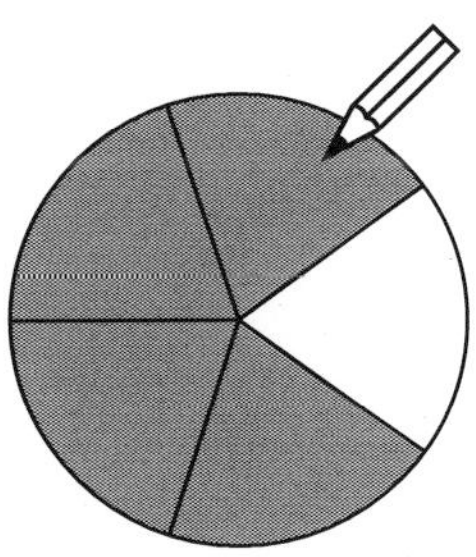

$\frac{4}{5}$

b)

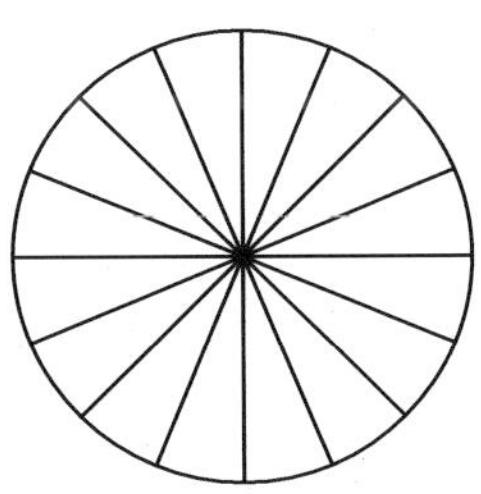

$\frac{12}{\_\_}$

c)

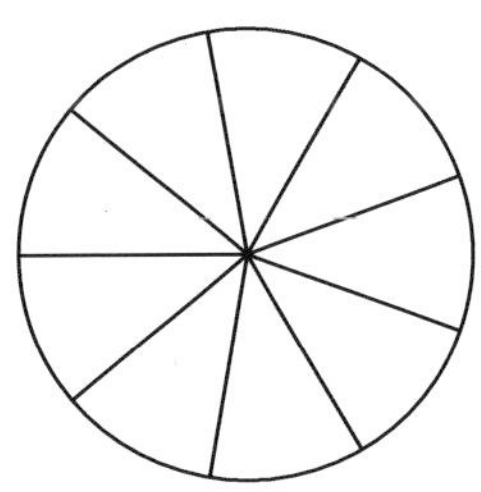

$\frac{8}{\_\_}$

d)

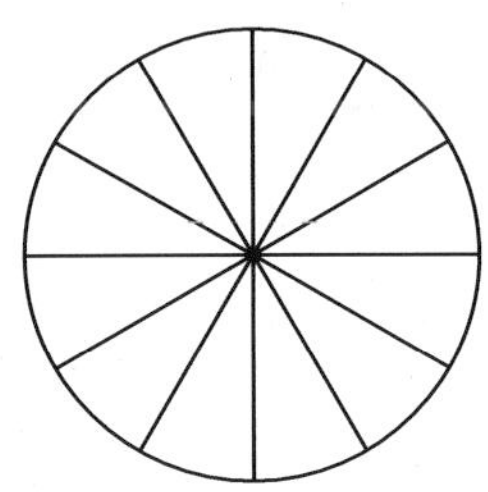

$\frac{9}{\_\_}$

e)

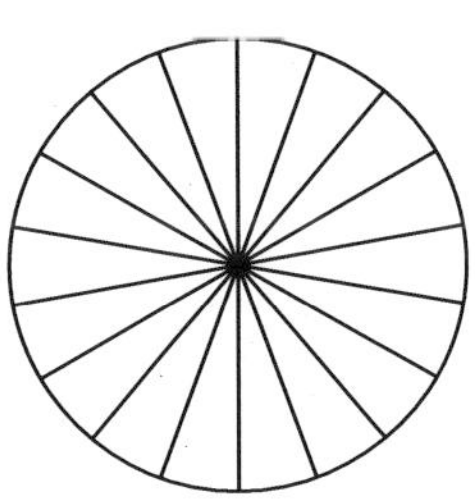

$\frac{15}{\_\_}$

f)

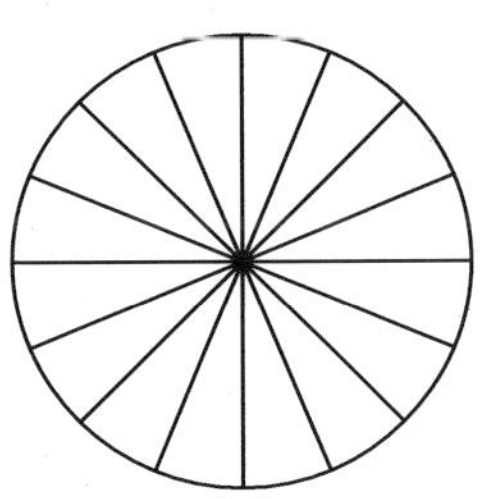

$\frac{7}{\_\_}$

g)

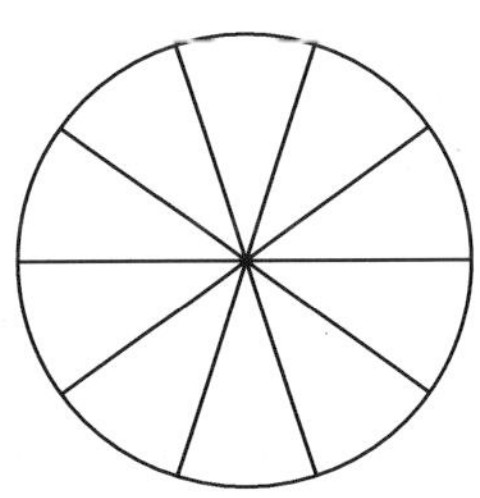

$\frac{5}{\_\_}$

h)

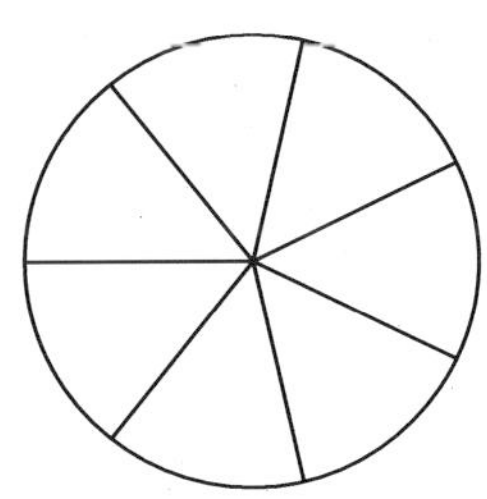

$\frac{7}{\_\_}$

Bruchteile anmalen – Figuren

❶ Male die angegebenen Bruchteile an.

a) $\frac{2}{2}$

b) $\frac{1}{4}$

c) $\frac{3}{4}$

d) $\frac{4}{5}$

e) $\frac{2}{5}$

f) $\frac{7}{8}$

g) $\frac{3}{8}$

h) $\frac{7}{10}$

i) $\frac{2}{10}$

j) $\frac{14}{16}$

k) $\frac{10}{16}$

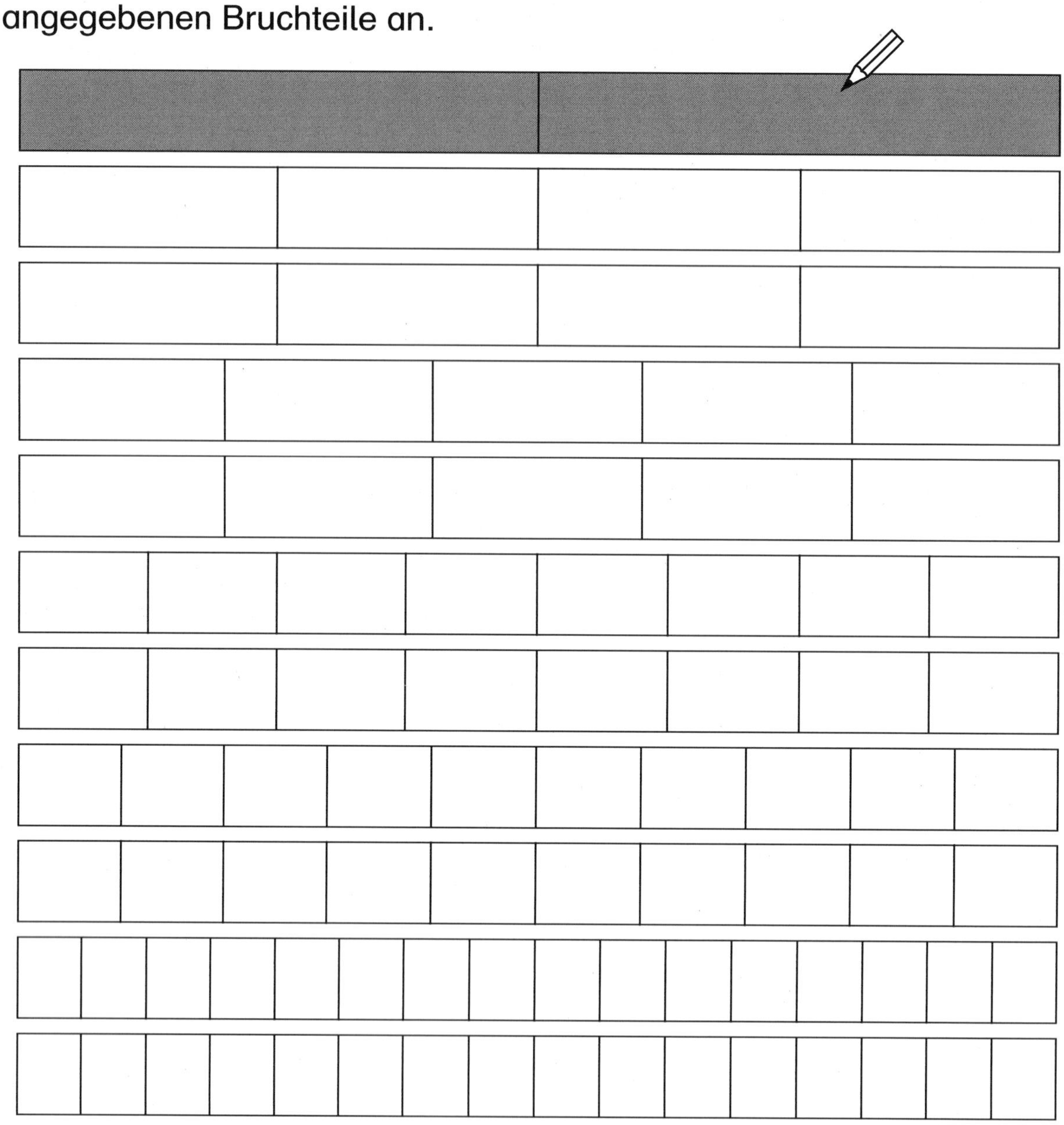

❷ Male die angegebenen Bruchteile an. Ergänze den Nenner.

a)

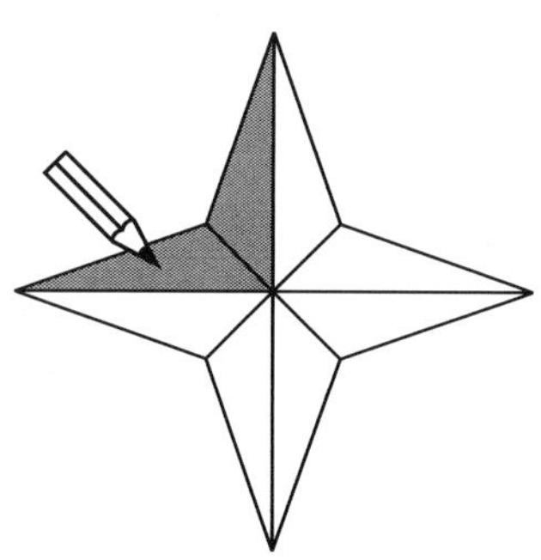

$\frac{2}{8}$

b)

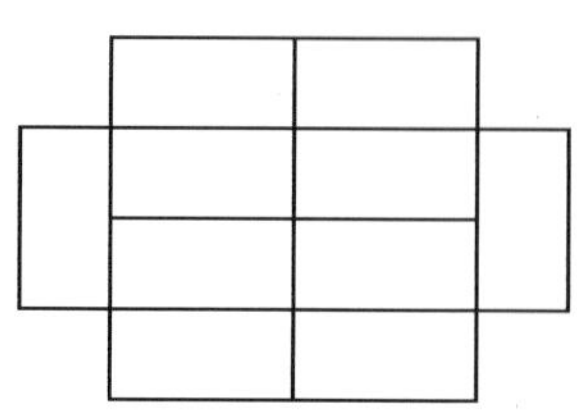

$\frac{7}{}$

c)

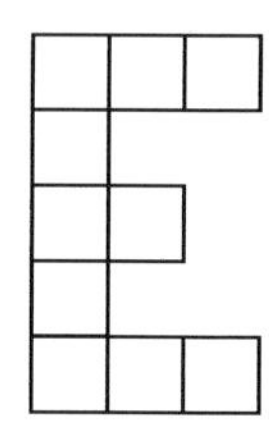

$\frac{5}{}$

Bruchteile benennen und anmalen – Vierecke

Was fehlt?
Ergänze die Bruchzahlen. Male die angegebenen Bruchteile an.

a) 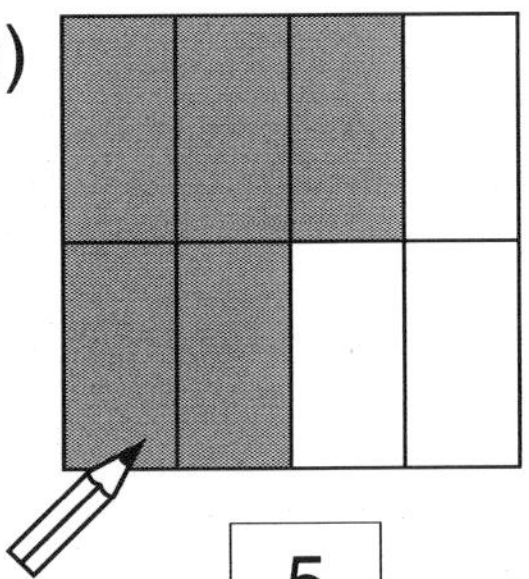

$\frac{5}{8}$

b) 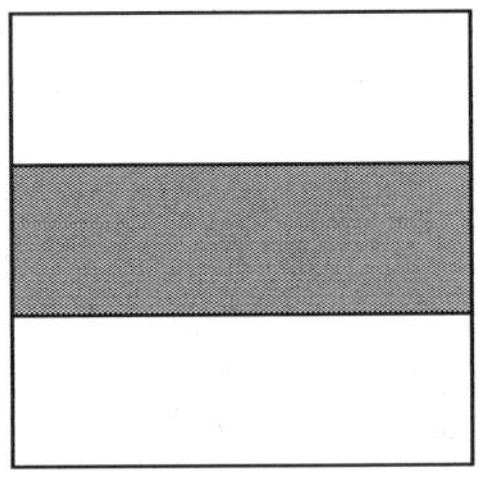

$\frac{\ }{\ }$

c) 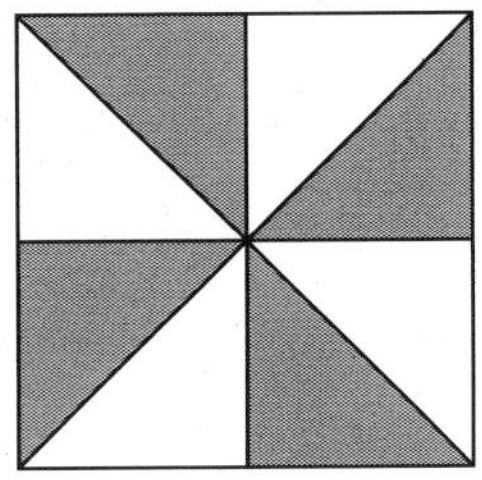

$\frac{\ }{\ }$

d) 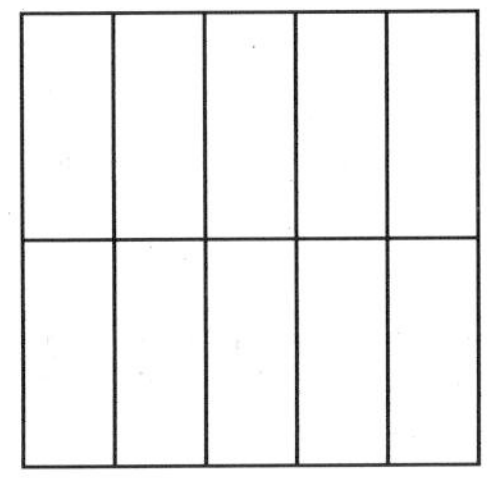

$\frac{7}{\ }$

e) 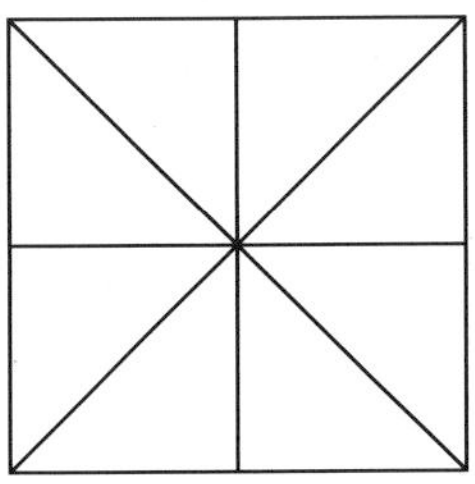

$\frac{6}{\ }$

f) 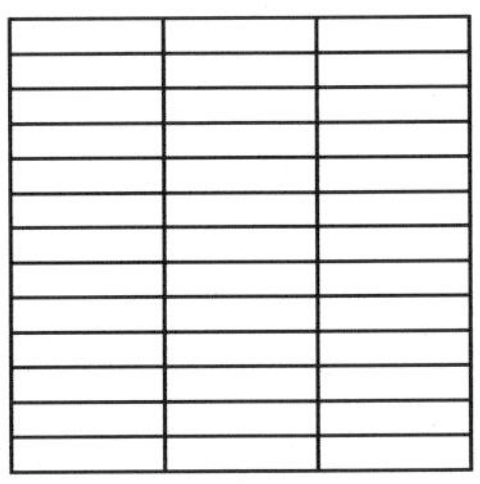

$\frac{24}{\ }$

g) 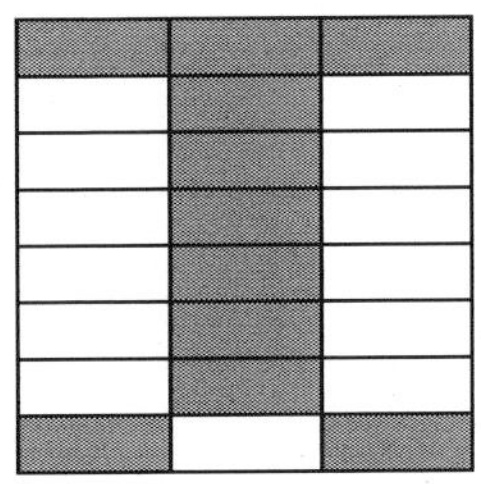

$\frac{\ }{\ }$

h) 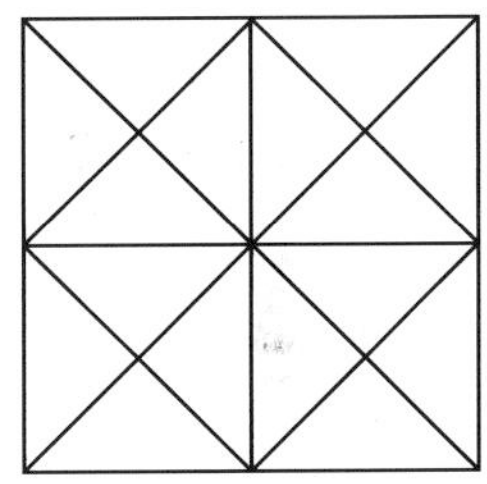

$\frac{9}{\ }$

i) 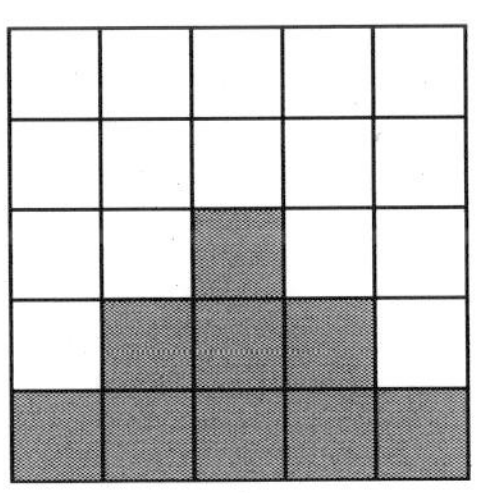

$\frac{\ }{\ }$

j) 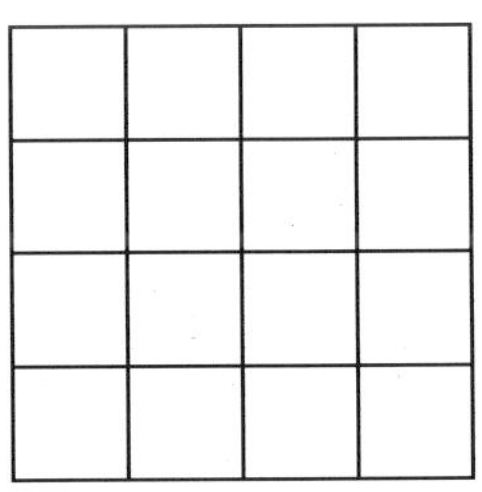

$\frac{15}{\ }$

k) 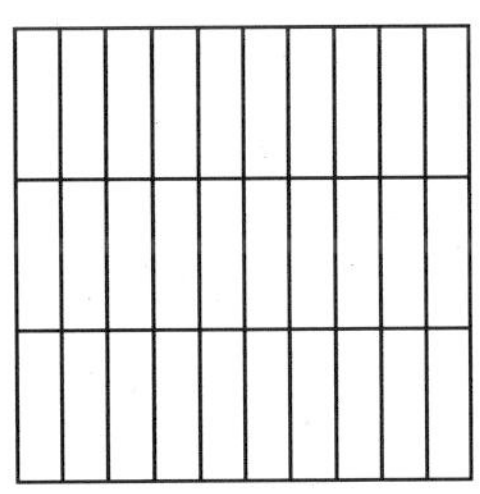

$\frac{20}{\ }$

l) 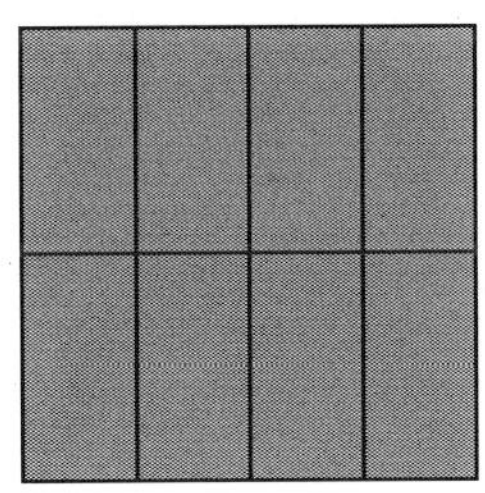

$\frac{\ }{\ }$

m) 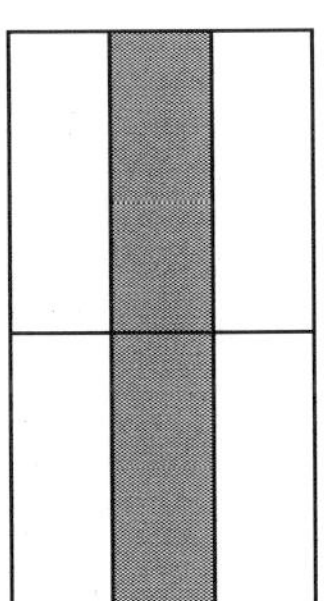

$\frac{\ }{\ }$

n) 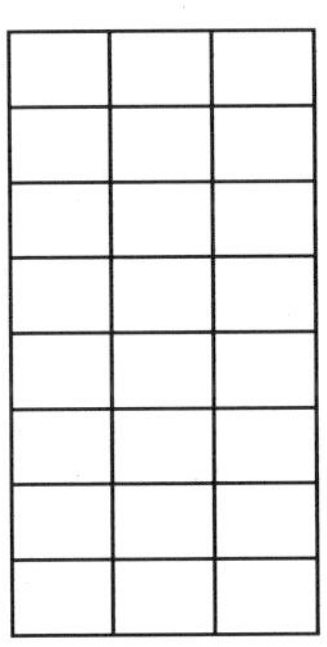

$\frac{7}{\ }$

o) 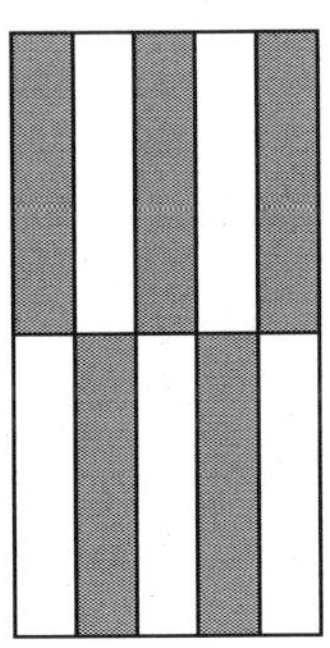

$\frac{\ }{\ }$

p) 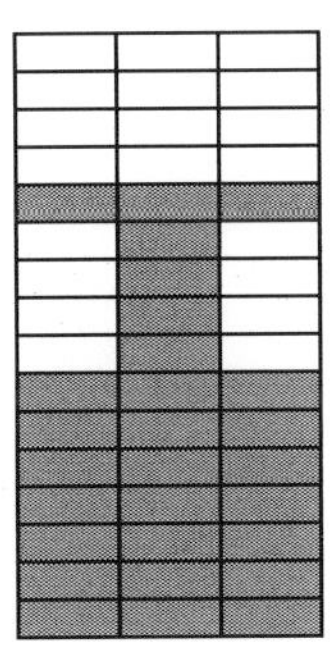

$\frac{\ }{\ }$

q) 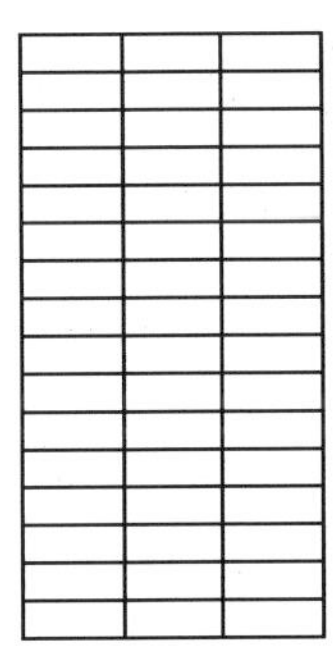

$\frac{20}{\ }$

r) 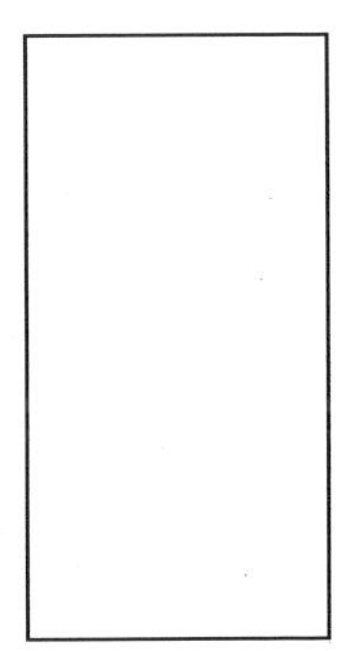

$\frac{\ }{\ }$

Bruchteile benennen und anmalen – Kreise

Was fehlt?
Ergänze die Bruchzahlen. Male die angegebenen Bruchteile an.

a)
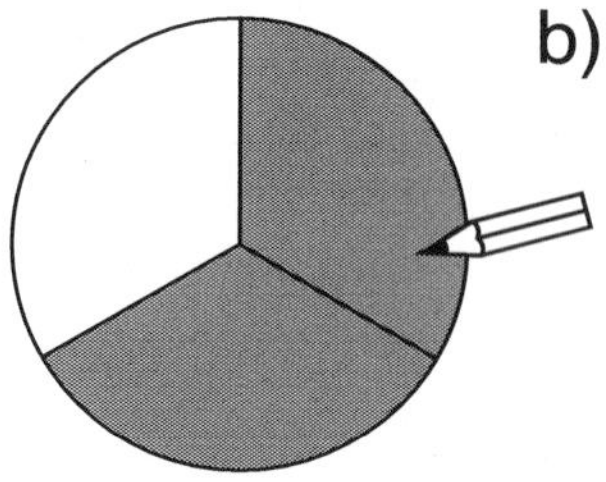
$\frac{2}{3}$

b)
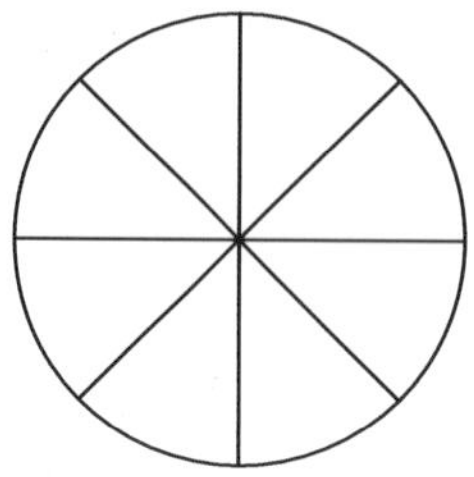
$\frac{5}{\_\_}$

c)
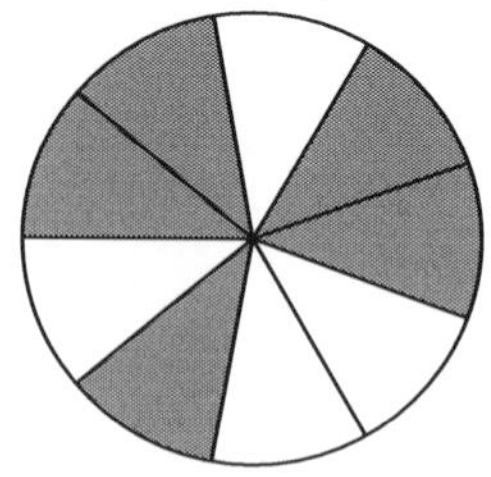
$\frac{\_\_}{\_\_}$

d)
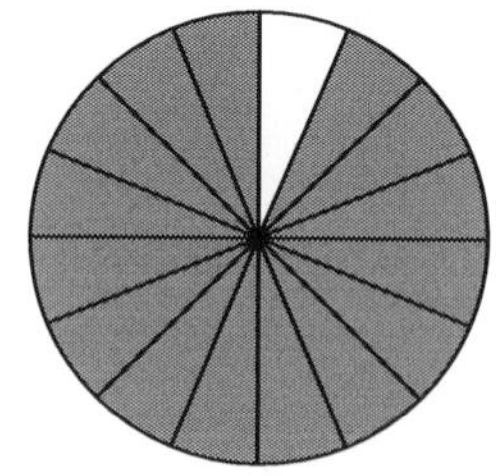
$\frac{\_\_}{\_\_}$

e)
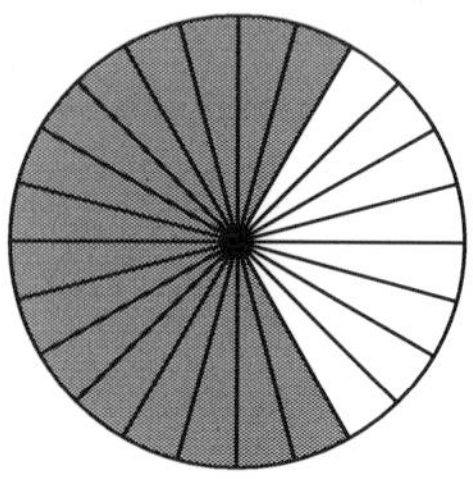
$\frac{\_\_}{\_\_}$

f)
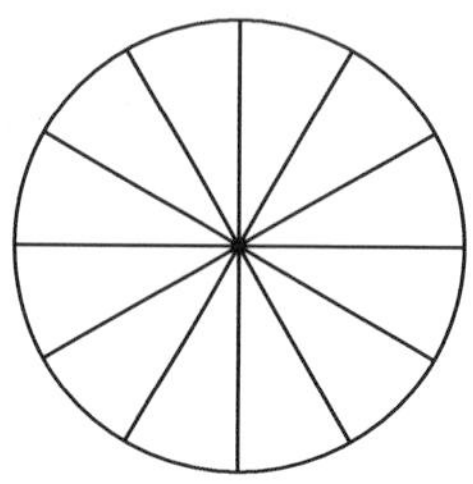
$\frac{10}{\_\_}$

g)
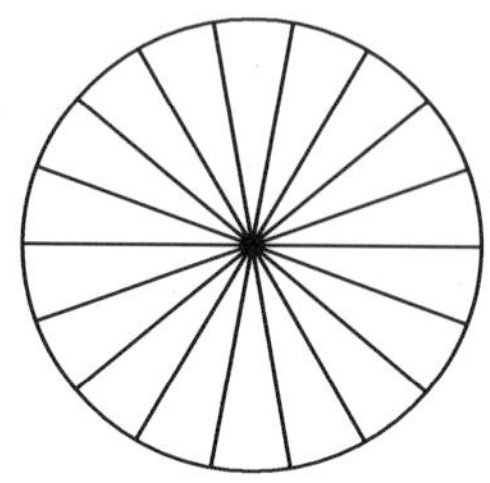
$\frac{15}{\_\_}$

h)
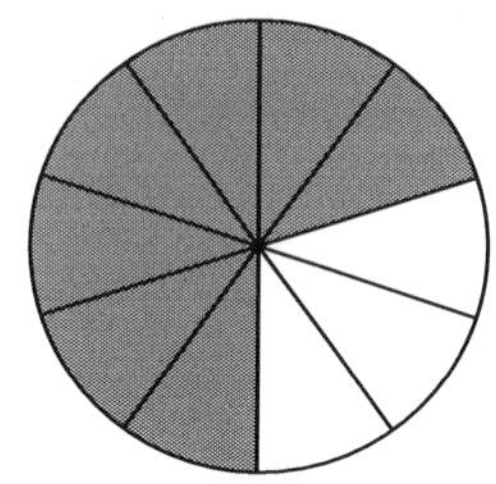
$\frac{\_\_}{\_\_}$

i)
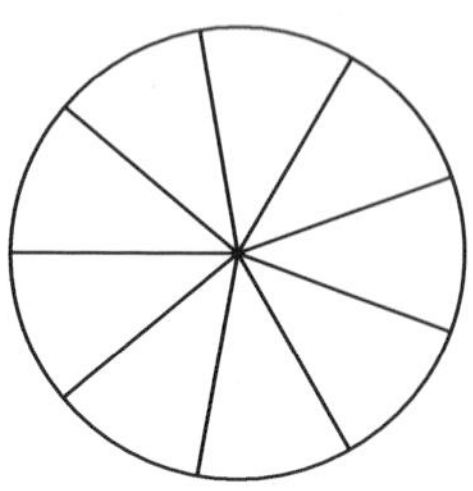
$\frac{7}{\_\_}$

j)
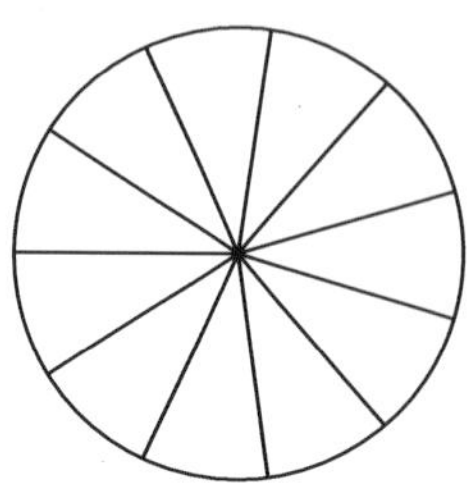
$\frac{2}{\_\_}$

k)
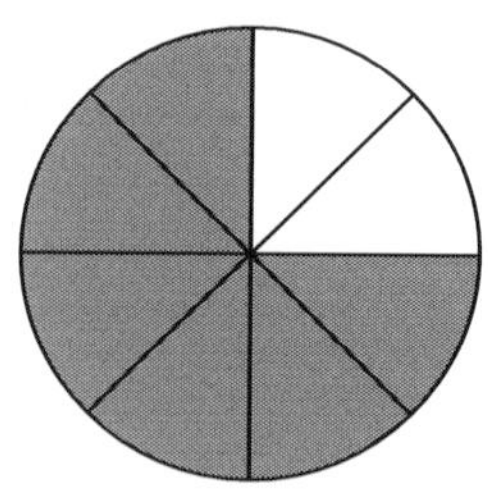
$\frac{\_\_}{\_\_}$

l)
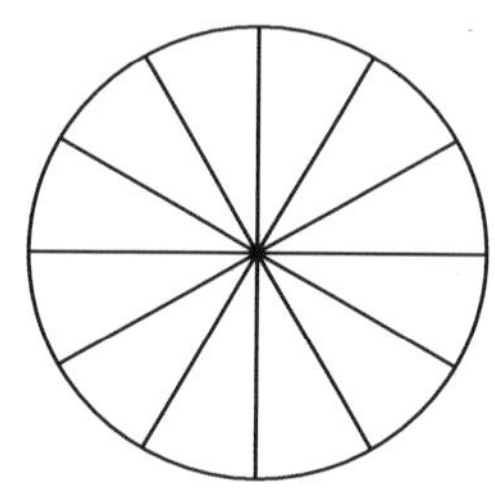
$\frac{7}{\_\_}$

m)
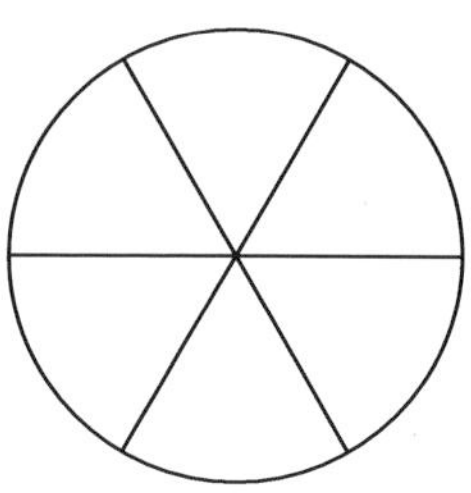
$\frac{3}{\_\_}$

n)
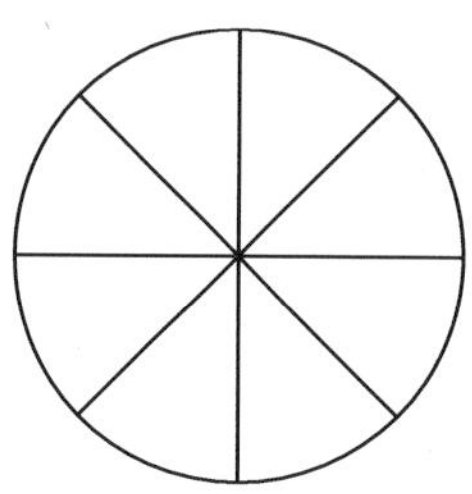
$\frac{4}{\_\_}$

o)
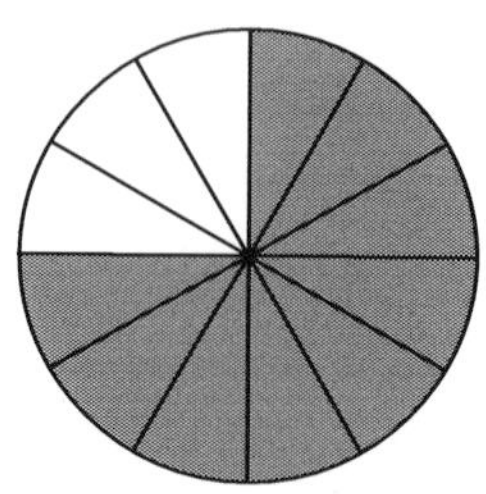
$\frac{\_\_}{\_\_}$

p)
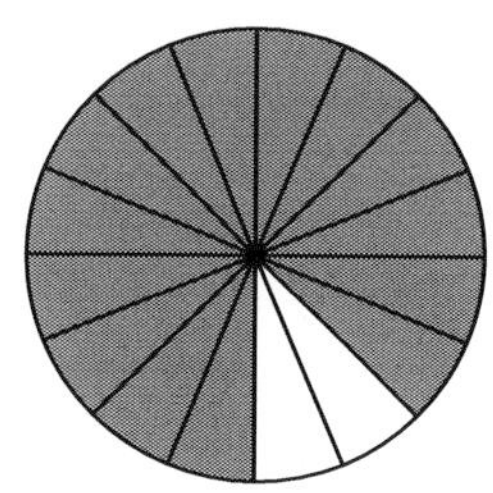
$\frac{\_\_}{\_\_}$

Bruchteile von Quadraten

Teile die Quadrate in die Bruchteile auf.
Male die angegebenen Anteile an.

a) 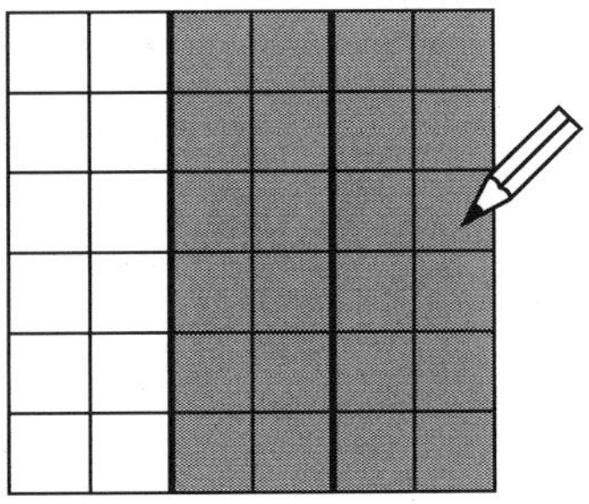

$\frac{2}{3}$

b) 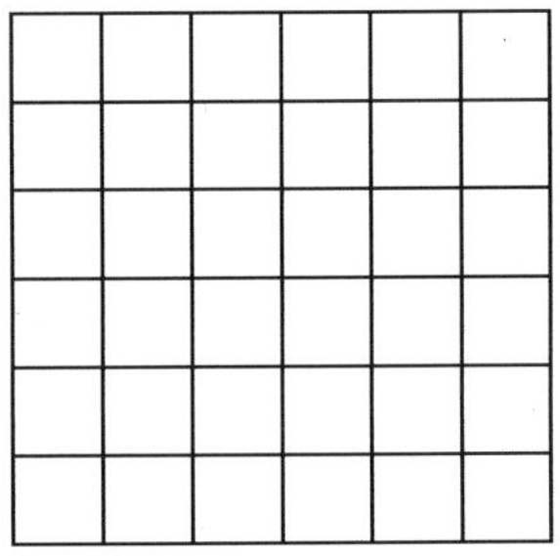

$\frac{4}{6}$

c) 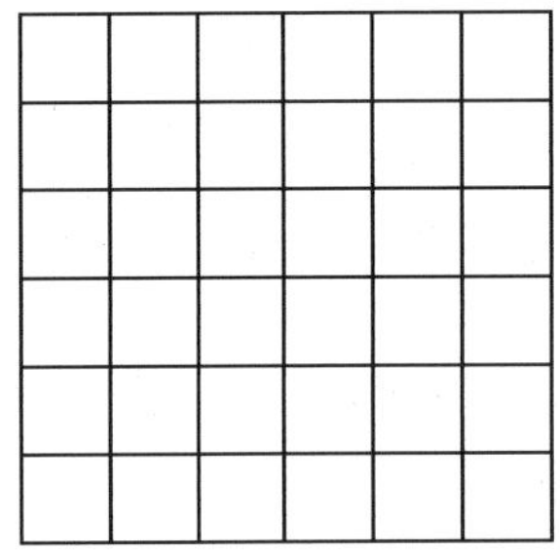

$\frac{3}{4}$

d) 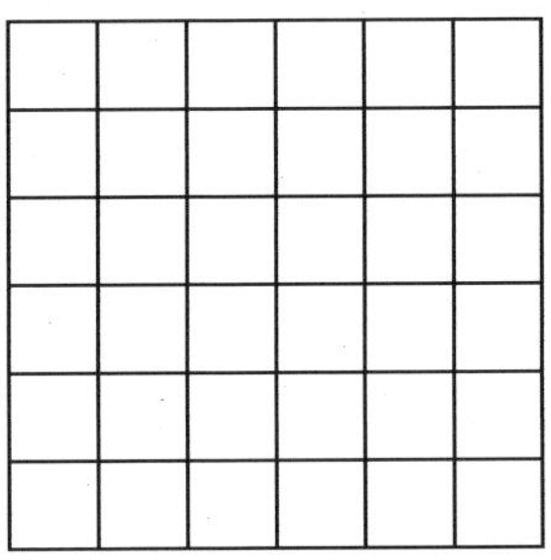

$\frac{2}{2}$

e) 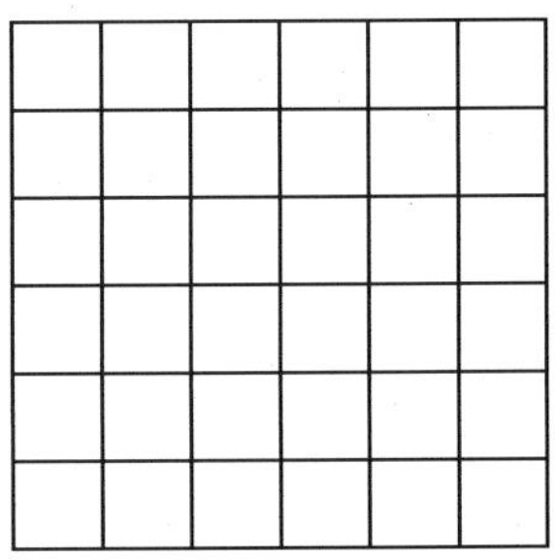

$\frac{2}{9}$

f) 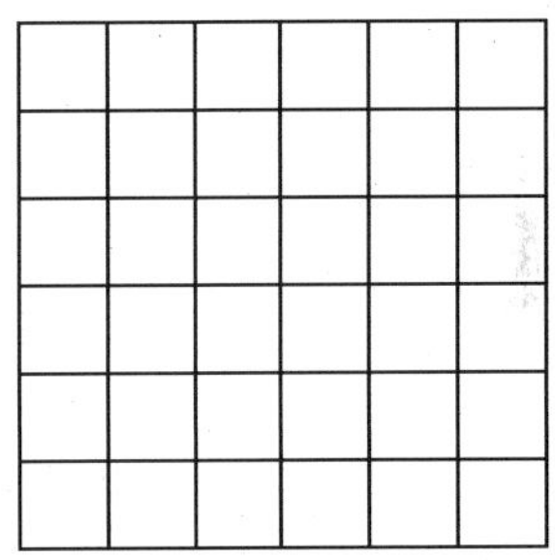

$\frac{1}{3}$

g) 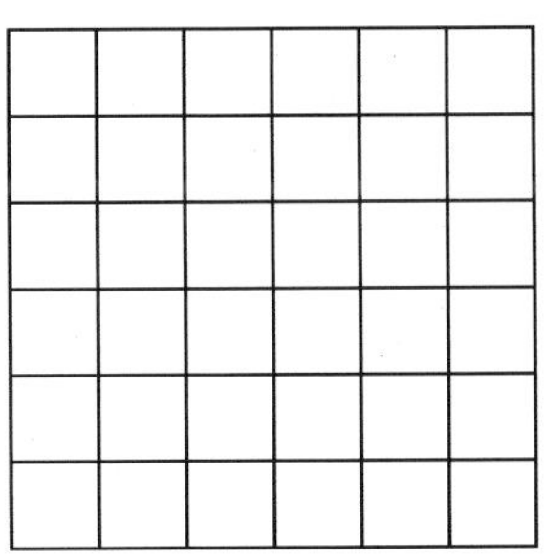

$\frac{30}{36}$

h) 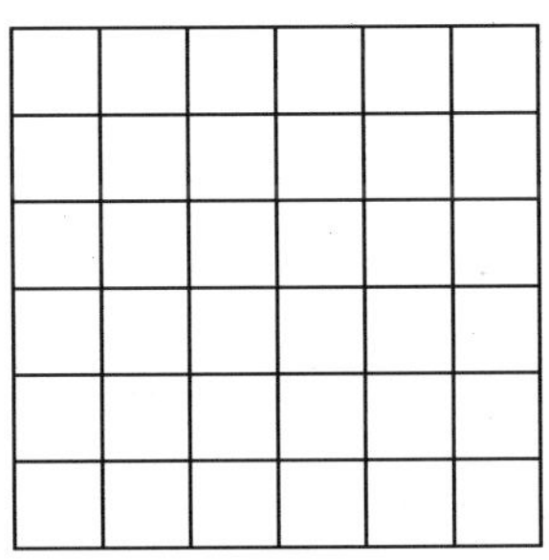

$\frac{5}{18}$

i) 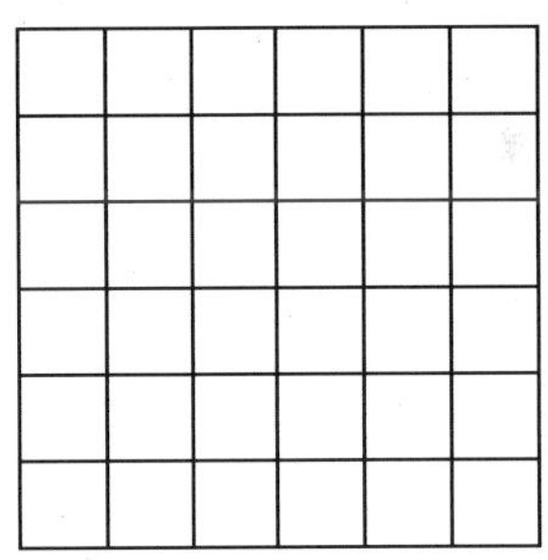

$\frac{7}{12}$

j) 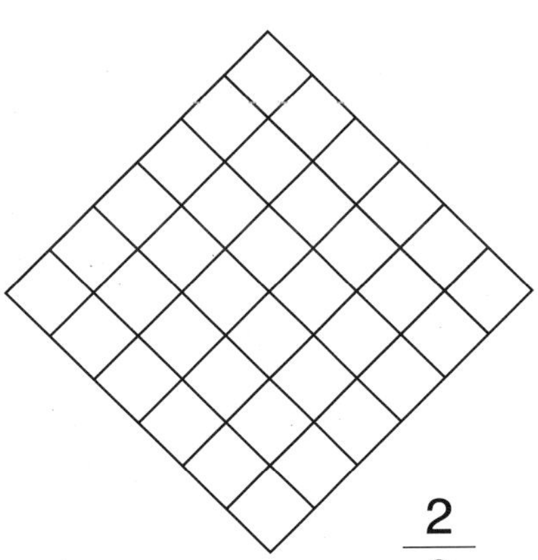

$\frac{2}{3}$

k) 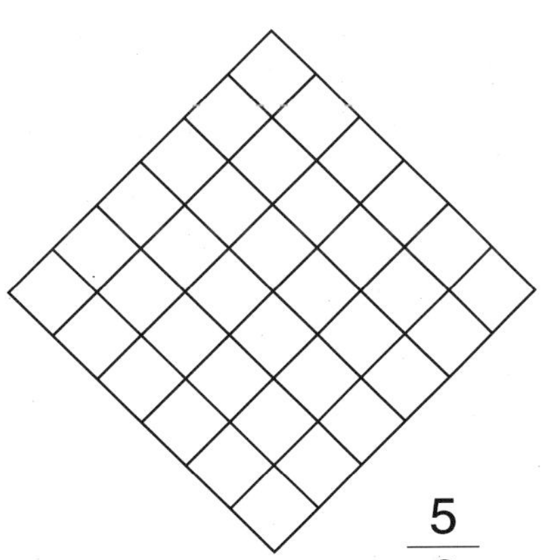

$\frac{5}{6}$

l) 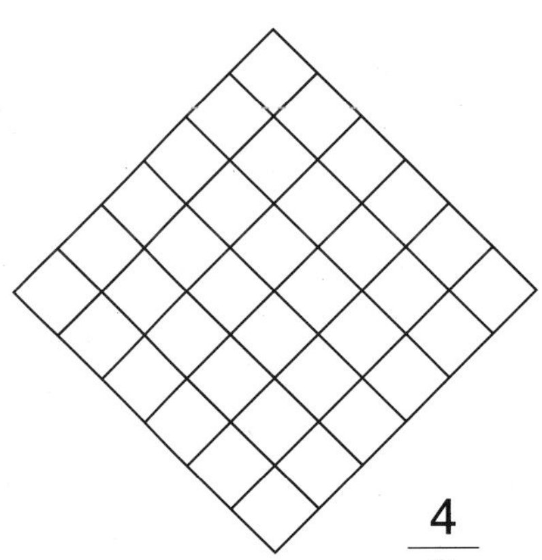

$\frac{4}{9}$

49 Bruchteile von Rechtecken

Teile die Rechtecke in die Bruchteile auf.
Male die angegebenen Bruchteile an.

a)

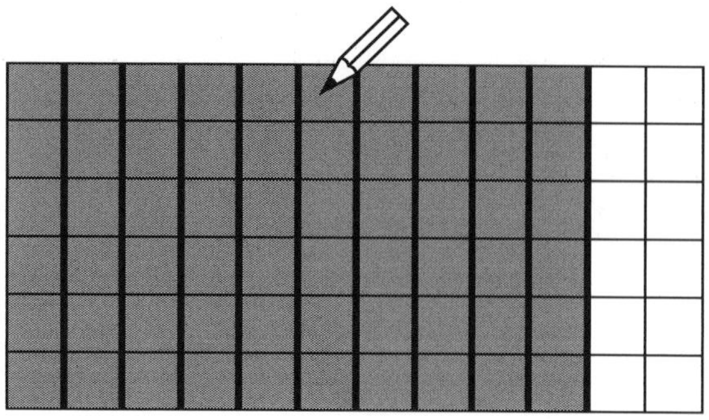

$\frac{10}{12}$

b)

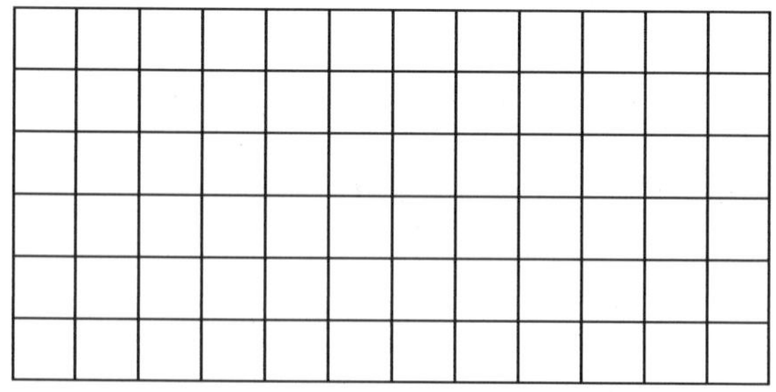

$\frac{9}{24}$

c)

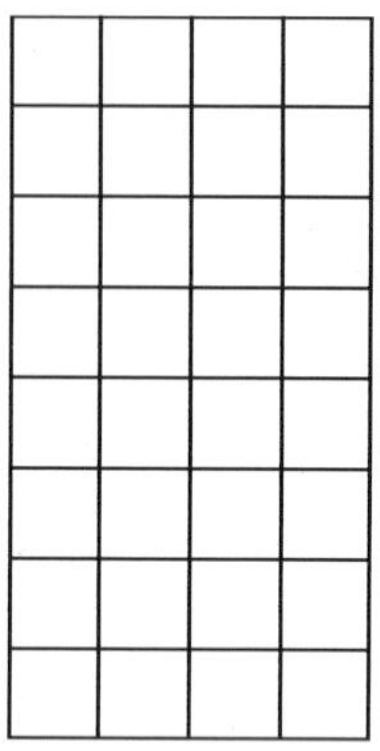

$\frac{3}{4}$

d)

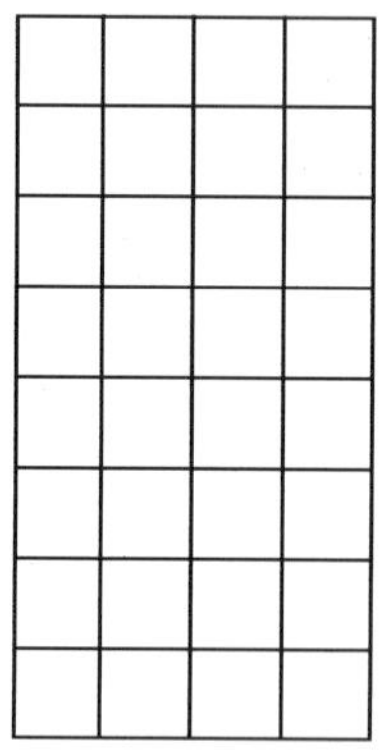

$\frac{5}{8}$

e)

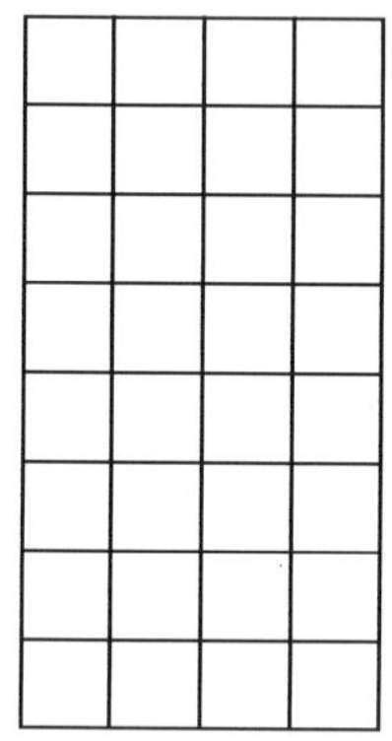

$\frac{10}{16}$

f)

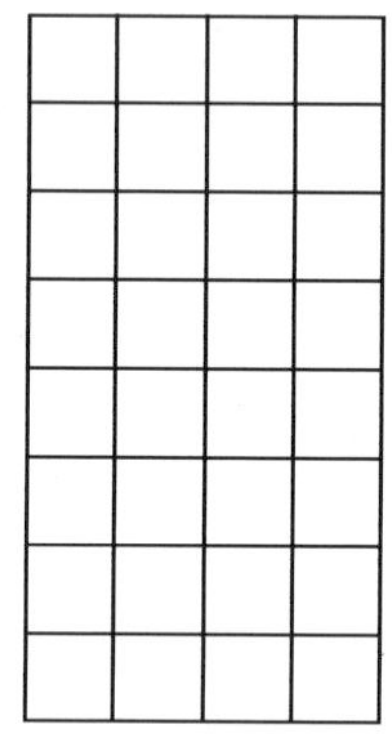

$\frac{2}{2}$

g)

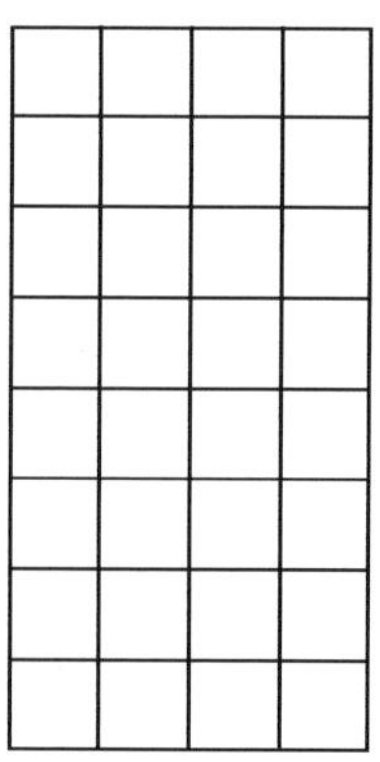

$\frac{27}{32}$

h)

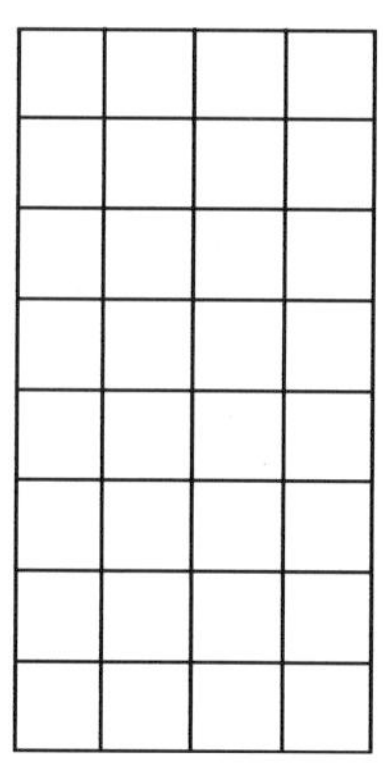

$\frac{7}{8}$

i)

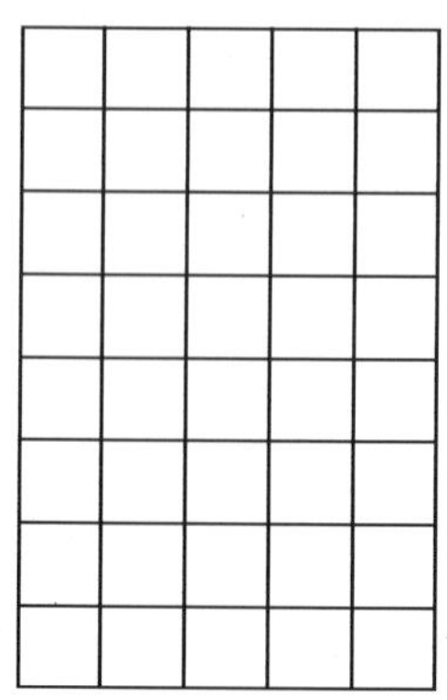

$\frac{3}{5}$

j)

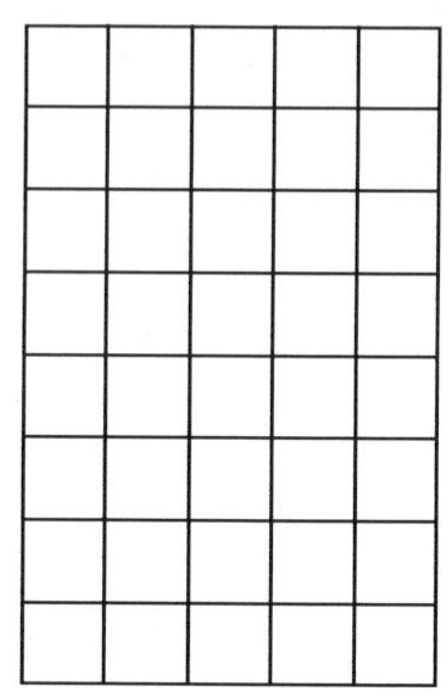

$\frac{3}{20}$

Bruchteile von Figuren

Teile die Figuren in die Bruchteile auf.
Male die angegebenen Bruchteile an.

a)

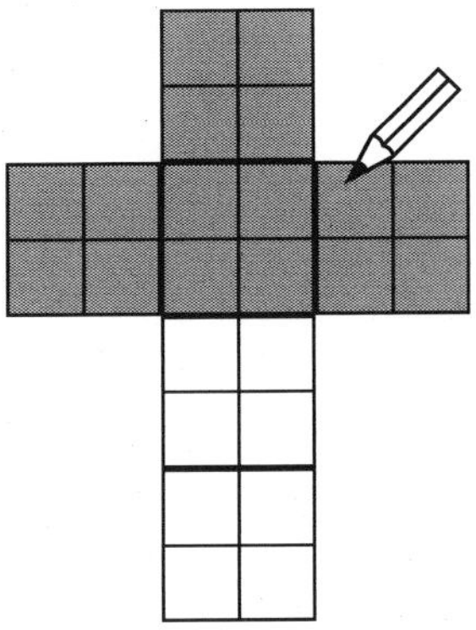

$\frac{4}{6}$

b)

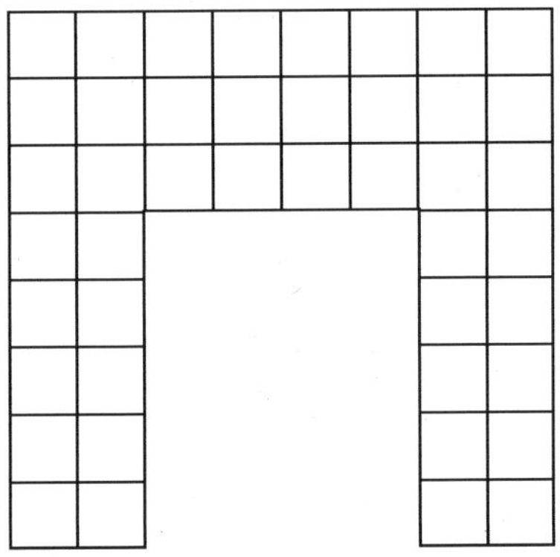

$\frac{9}{11}$

c)

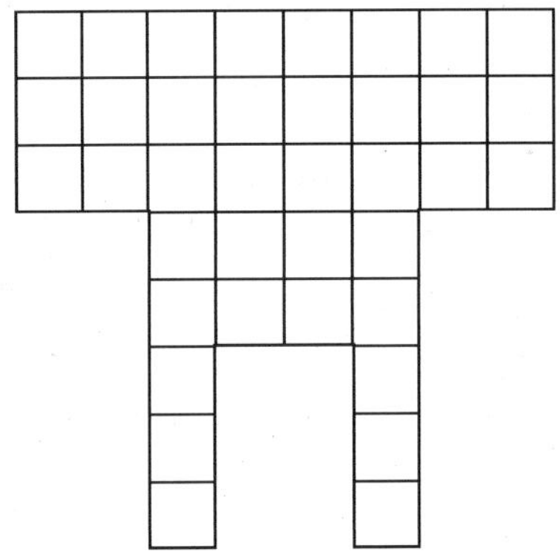

$\frac{10}{19}$

d)

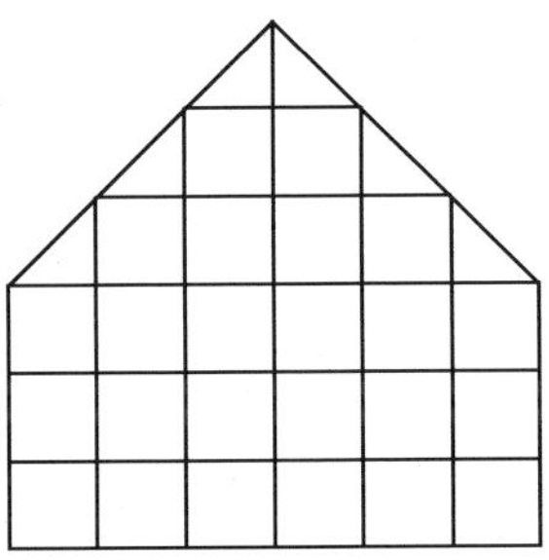

$\frac{7}{9}$

e)

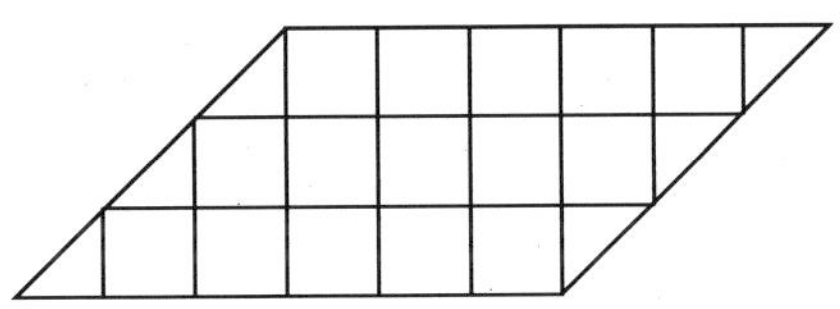

$\frac{7}{12}$

f)

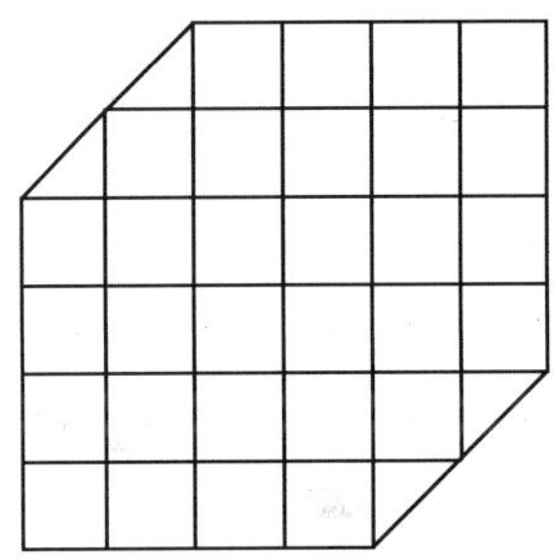

$\frac{6}{16}$

g)

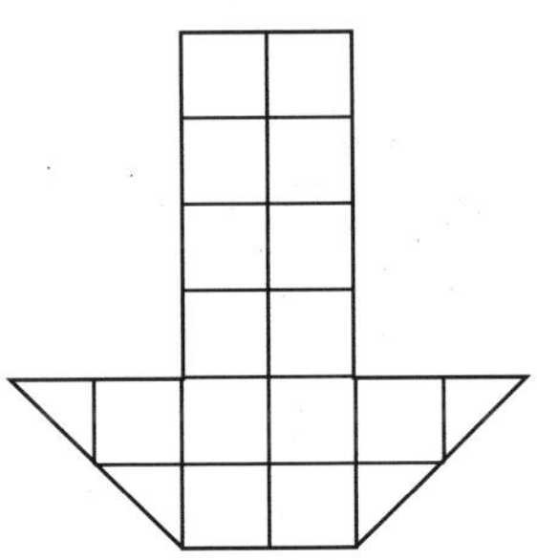

$\frac{5}{8}$

h)

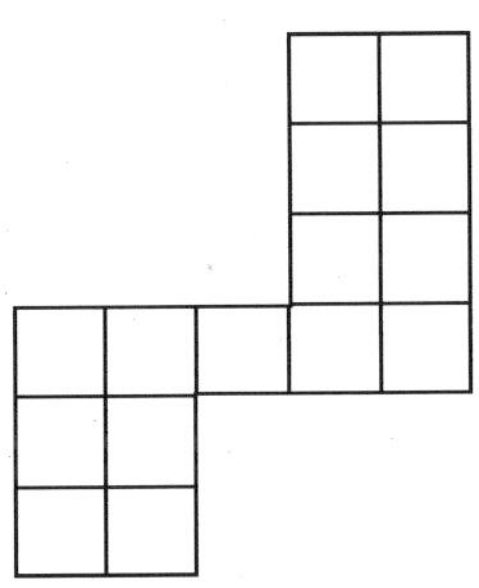

$\frac{4}{5}$

i)

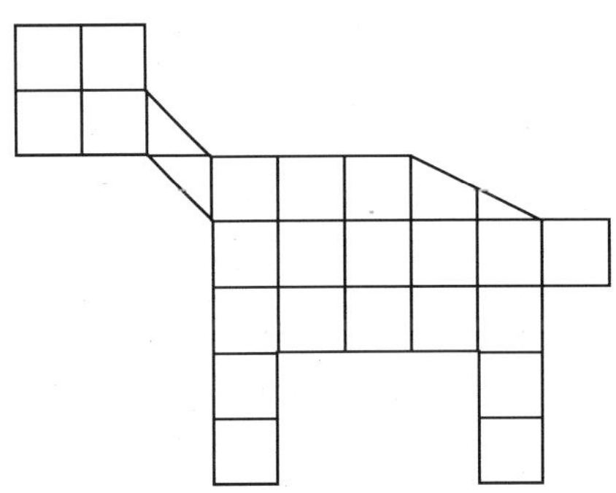

$\frac{10}{12}$

Bruchteile ertasten

Du brauchst:
1. Aus Sandpapier ausgeschnitten:
   - 1 Kreis
   - 1 Halbkreis
   - 1 Viertelkreis
   - 1 Dreiviertelkreis
2. Metalltafel mit Magnetpins oder Wand und Klebeband
3. 1 Augenbinde

Anleitung:

1. Suche dir einen Partner.
2. Lass dir die Augen verbinden!
3. Dein Partner hängt nun in beliebiger Reihenfolge die Kreise und Kreisteile auf.
4. Ertaste die Bruchteile und benenne sie.
5. Dein Partner sagt dir, ob du recht hast.
6. Tauscht die Rollen:
Verändere die Reihenfolge der Kreisteile.
Lass deinen Partner die Bruchteile ertasten.

52

Unechte Brüche

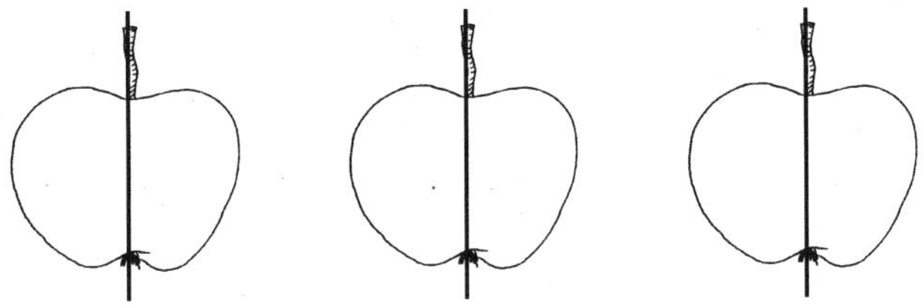

3 Ganze = 6 Halbe = $\frac{6}{2}$

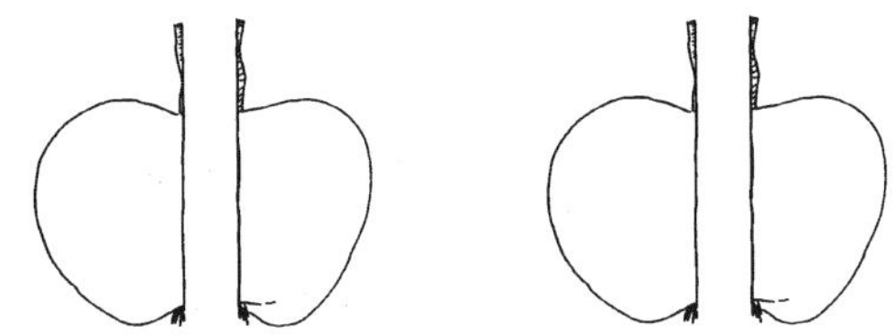

4 Halbe = $\frac{4}{2}$ = 2 Ganze

> Auch mehrere Ganze können in Bruchschreibweise angegeben werden.
> Der Zähler ist dann größer als der Nenner.
> Man nennt diese Bruchzahlen auch unechte Brüche.

❶ Kreuze unechte Brüche an.

a)	b)	c)	d)	e)
☒ $\frac{6}{5}$	○ $\frac{1}{2}$	○ $\frac{1}{3}$	○ $\frac{10}{8}$	○ $\frac{100}{50}$
○ $\frac{3}{2}$	○ $\frac{12}{6}$	○ $\frac{3}{1}$	○ $\frac{8}{10}$	○ $\frac{3}{27}$
○ $\frac{4}{8}$	○ $\frac{7}{5}$	○ $\frac{2}{5}$	○ $\frac{5}{12}$	○ $\frac{28}{27}$

❷ Wandle die ganzen Zahlen in Bruchzahlen um.

a)

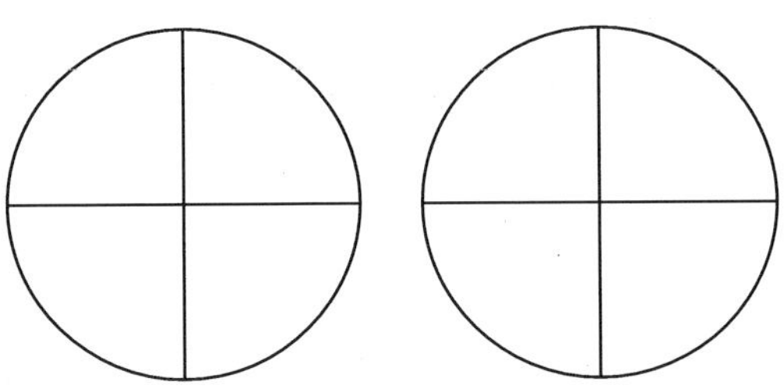

2 Torten = $\frac{\square}{4}$ Stücke

b)

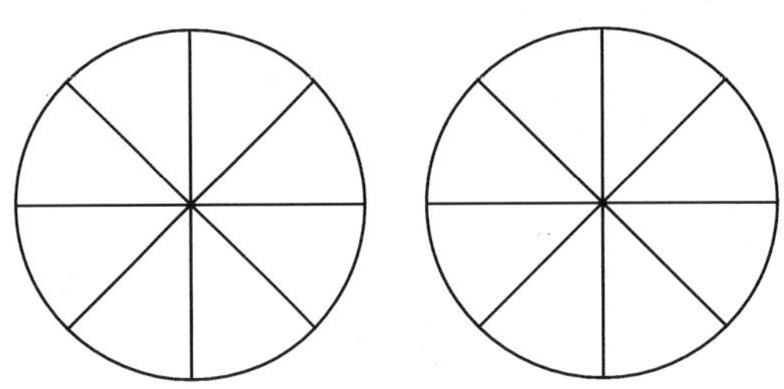

2 Torten = $\frac{\square}{8}$ Stücke

c)

2 Tafeln = $\frac{\square}{10}$ Stücke

d)

3 Tafeln = $\frac{\square}{6}$ Stücke

Bruchteile benennen

Unechte Brüche können auch als gemischte Zahlen geschrieben werden:

$$\frac{3}{2} = 1\frac{1}{2}$$

Schreibe als gemischte Zahlen und als Bruchzahlen.

a) 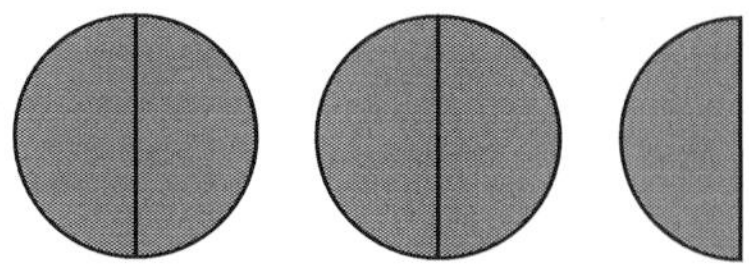

$2\frac{1}{2} = \frac{5}{2}$

b) 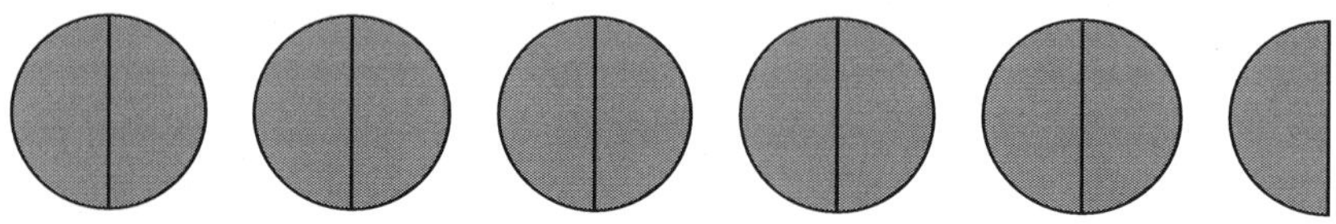

$\frac{\quad}{\quad} = \frac{\quad}{2}$

c) 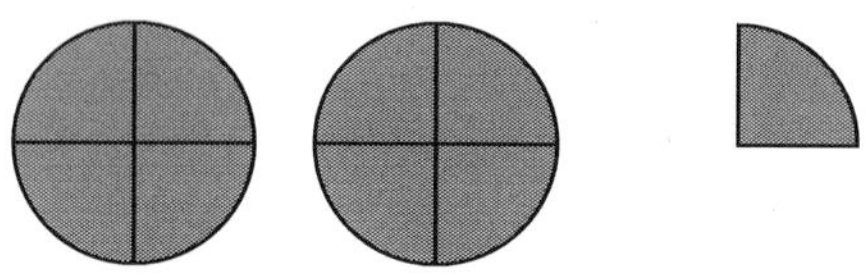

$\frac{\quad}{\quad} = \frac{\quad}{\quad}$

d) 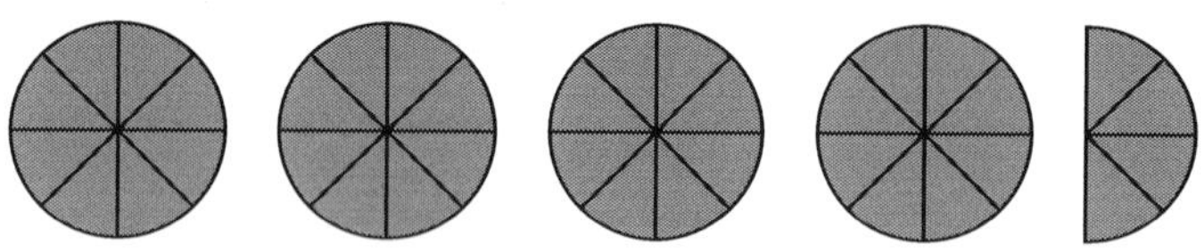

$\frac{\quad}{\quad} = \frac{\quad}{\quad}$

e) 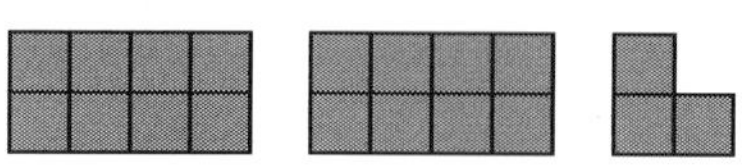

$\frac{\quad}{\quad} = \frac{\quad}{\quad}$

f) 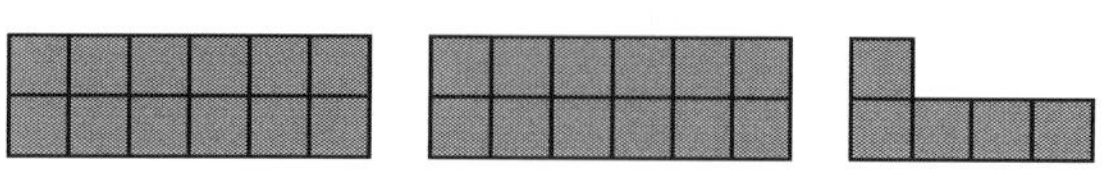

$\frac{\quad}{\quad} = \frac{\quad}{\quad}$

g) 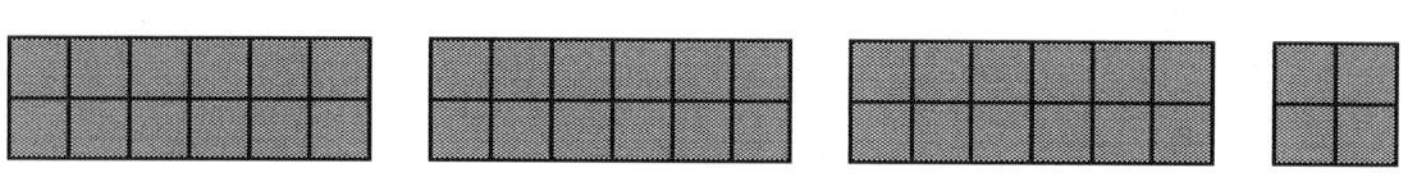

$\frac{\quad}{\quad} = \frac{\quad}{\quad}$

h) 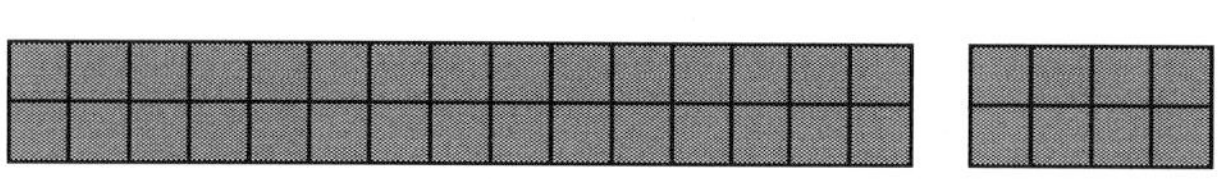

$\frac{\quad}{\quad} = \frac{\quad}{\quad}$

Bruchteile umwandeln 1

❶ Schreibe als gemischte Zahlen und als Bruchzahlen.

a) 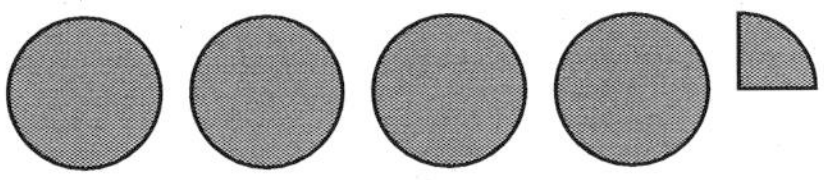

$\square\,\frac{\square}{\square} = \frac{\square}{4}$

b) 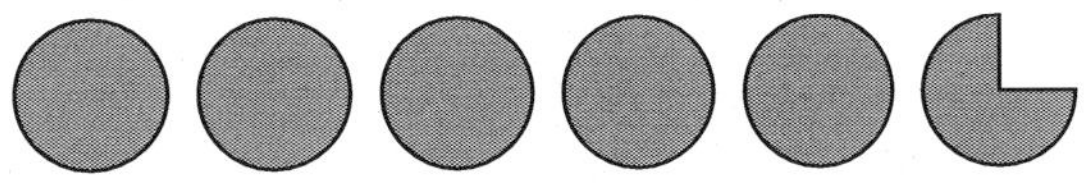

$\square\,\frac{\square}{\square} = \frac{\square}{\square}$

❷ Male die angegebenen Bruchteile an.
Schreibe als gemischte Zahlen.

a) 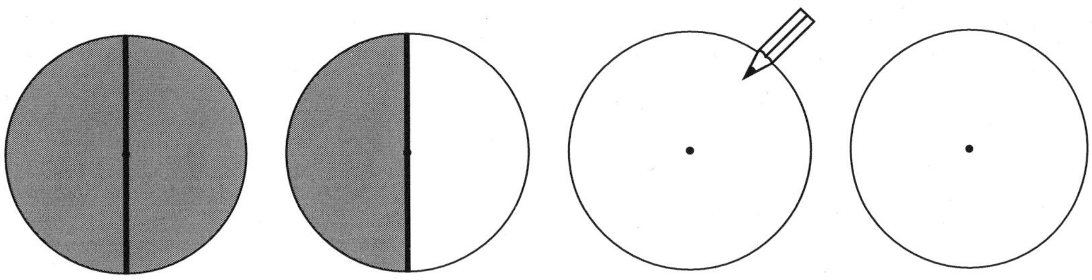

$\frac{3}{2} = 1\,\frac{1}{2}$

b) 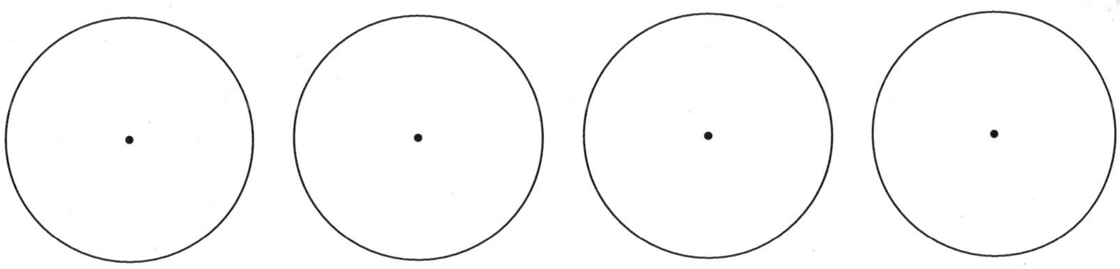

$\frac{9}{4} = \square\,\frac{\square}{\square}$

c) 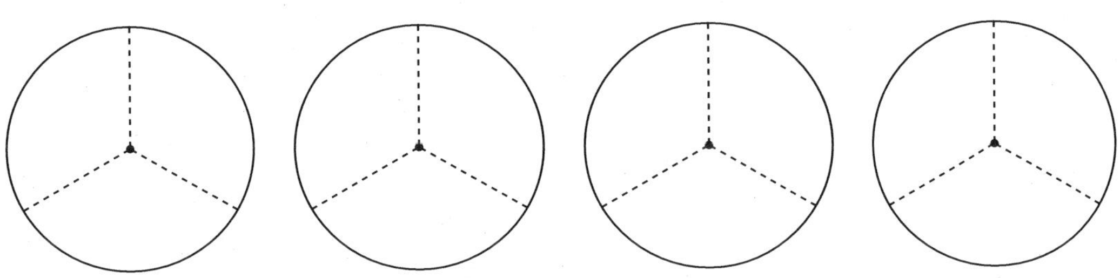

$\frac{10}{3} = \square\,\frac{\square}{\square}$

55

Bruchteile umwandeln 2

❶ Male die angegebenen Bruchteile an.
Schreibe als Bruchzahlen.

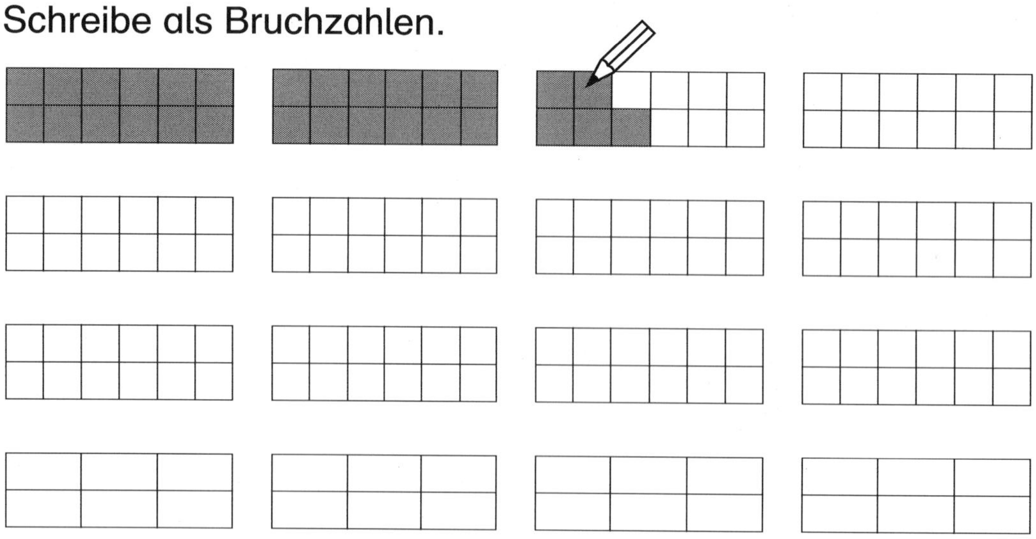

a) $2\frac{5}{12} = \frac{\quad}{\quad}$

b) $3\frac{3}{12} = \frac{\quad}{\quad}$

c) $1\frac{11}{12} = \frac{\quad}{\quad}$

d) $3\frac{5}{6} = \frac{\quad}{\quad}$

❷ Schreibe als Bruchzahlen.

a) $1\frac{1}{3} = \frac{4}{3}$ b) $2\frac{2}{3} = \frac{\quad}{\quad}$ c) $5\frac{1}{4} = \frac{\quad}{\quad}$ d) $1\frac{1}{10} = \frac{\quad}{\quad}$

e) $7\frac{1}{5} = \frac{\quad}{\quad}$ f) $3\frac{5}{6} = \frac{\quad}{\quad}$ g) $2\frac{2}{6} = \frac{\quad}{\quad}$ h) $8\frac{2}{3} = \frac{\quad}{\quad}$

i) $2\frac{2}{12} = \frac{\quad}{\quad}$ j) $8\frac{7}{8} = \frac{\quad}{\quad}$ k) $10\frac{5}{9} = \frac{\quad}{\quad}$ l) $4\frac{4}{7} = \frac{\quad}{\quad}$

❸ Schreibe als gemischte Zahlen.

a) $\frac{7}{3} = 2\frac{1}{3}$ b) $\frac{8}{6} = \frac{\quad}{\quad}$ c) $\frac{11}{2} = \frac{\quad}{\quad}$ d) $\frac{10}{3} = \frac{\quad}{\quad}$

e) $\frac{9}{4} = \frac{\quad}{\quad}$ f) $\frac{32}{6} = \frac{\quad}{\quad}$ g) $\frac{27}{2} = \frac{\quad}{\quad}$ h) $\frac{15}{4} = \frac{\quad}{\quad}$

i) $\frac{11}{5} = \frac{\quad}{\quad}$ j) $\frac{7}{2} = \frac{\quad}{\quad}$ k) $\frac{49}{8} = \frac{\quad}{\quad}$ l) $\frac{64}{7} = \frac{\quad}{\quad}$

Bruchteile vergleichen – Vierecke

❶ Teile die Figuren auf.
Male die angegebenen Bruchteile an.
Sind die Bruchteile größer (>), kleiner (<) oder gleich (=)?

a) 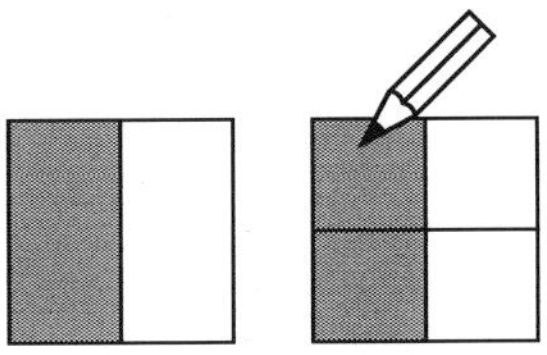

$\frac{1}{2}$ (=) $\frac{2}{4}$

b) $\frac{1}{4}$ ○ $\frac{3}{4}$

c) $\frac{3}{8}$ ○ $\frac{2}{4}$

d) $\frac{3}{4}$ ○ $\frac{1}{2}$

e) $\frac{2}{4}$ ○ $\frac{4}{8}$

f) $\frac{7}{8}$ ○ $\frac{3}{4}$

g) $\frac{1}{3}$ ○ $\frac{2}{6}$

h) $\frac{1}{2}$ ○ $\frac{2}{3}$

i) $\frac{3}{4}$ ○ $\frac{4}{6}$

❷ Finde Bruchzahlen, die gleich groß sind.
Male dann entsprechend die Quadrate an.
Schreibe die Bruchzahlen.

a) $\frac{\square}{\square} = \frac{\square}{\square}$

b) $\frac{\square}{\square} = \frac{\square}{\square}$

c) $\frac{\square}{\square} = \frac{\square}{\square}$

57

Bruchteile vergleichen – Kreise

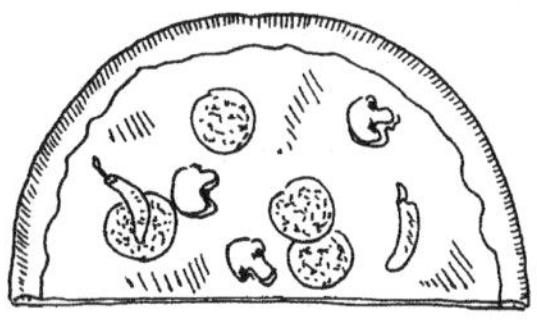
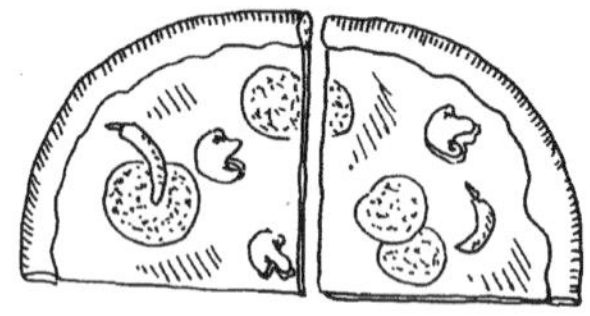
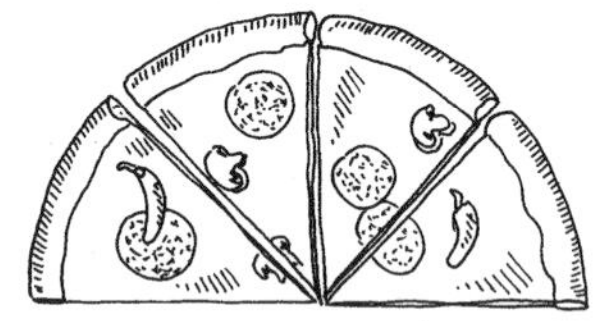

$\frac{1}{2} = \frac{2}{4} = \frac{4}{8}$

Male die angegebenen Bruchteile an.
Sind die Bruchteile größer (>), kleiner (<) oder gleich (=)?

a)

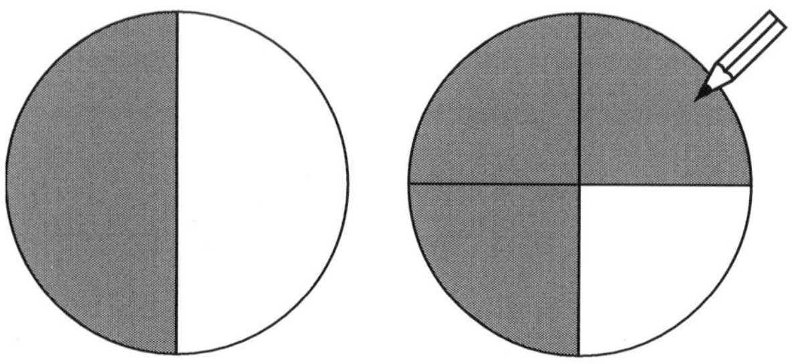

$\frac{1}{2}$ (<) $\frac{3}{4}$

b)

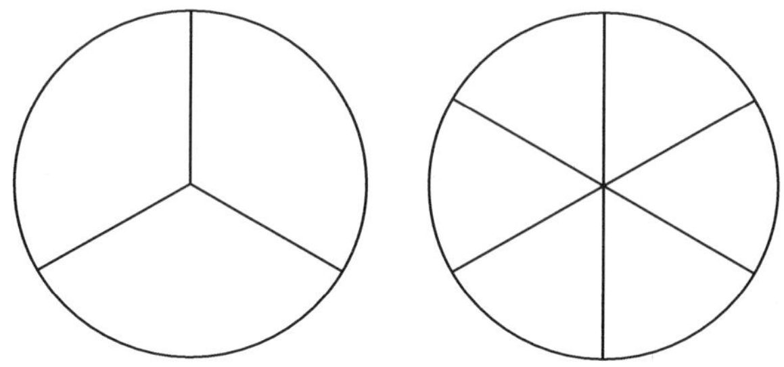

$\frac{1}{3}$ ◯ $\frac{2}{6}$

c)

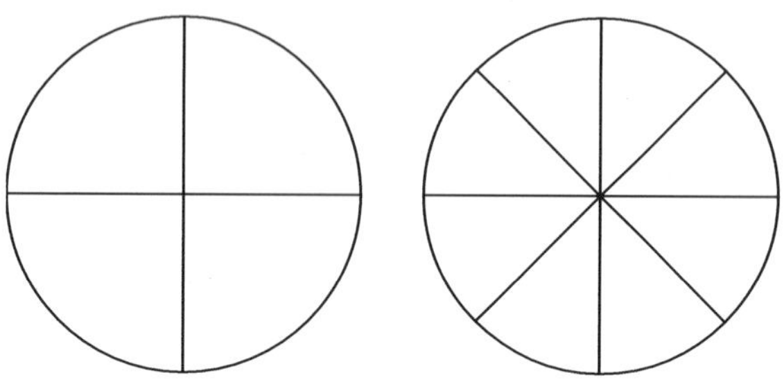

$\frac{3}{4}$ ◯ $\frac{7}{8}$

d)

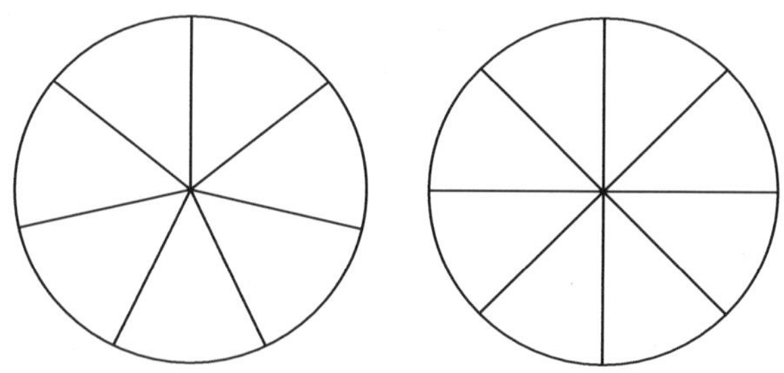

$\frac{6}{7}$ ◯ $\frac{6}{8}$

e)

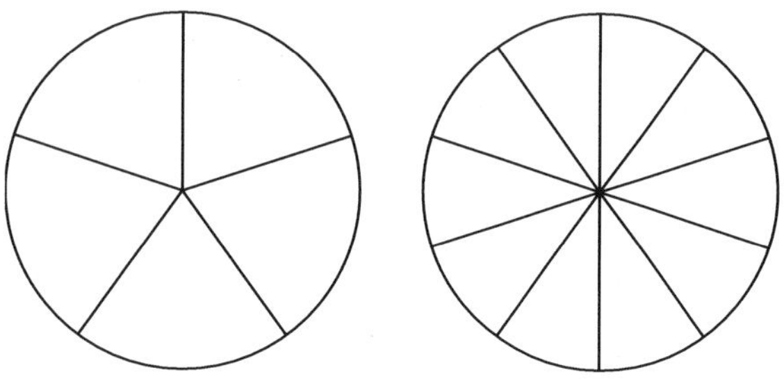

$\frac{3}{5}$ ◯ $\frac{6}{10}$

f)

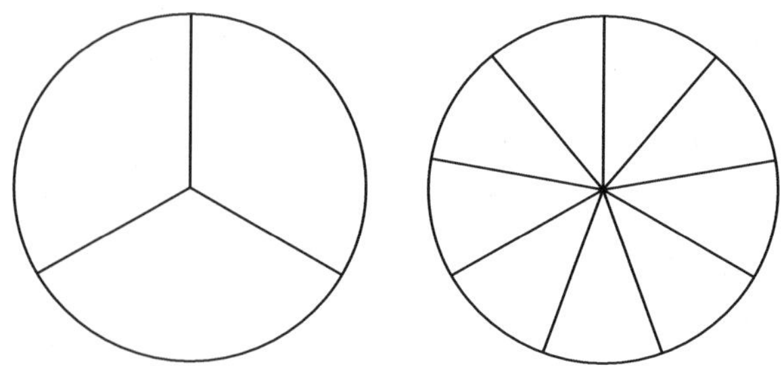

$\frac{2}{3}$ ◯ $\frac{5}{9}$

58 Bruchteile vergleichen 1

❶ Male die angegebenen Bruchteile an.
Kreise die größte Bruchzahl ein.

a)

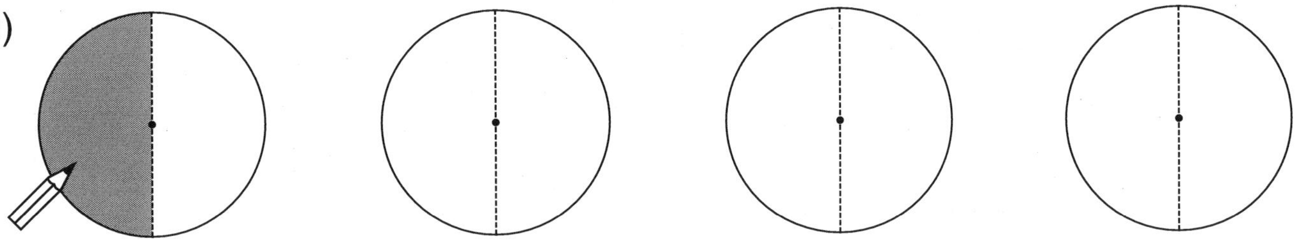

$\frac{1}{2}$ $\frac{1}{4}$ $\frac{3}{8}$ $\frac{5}{8}$

b)

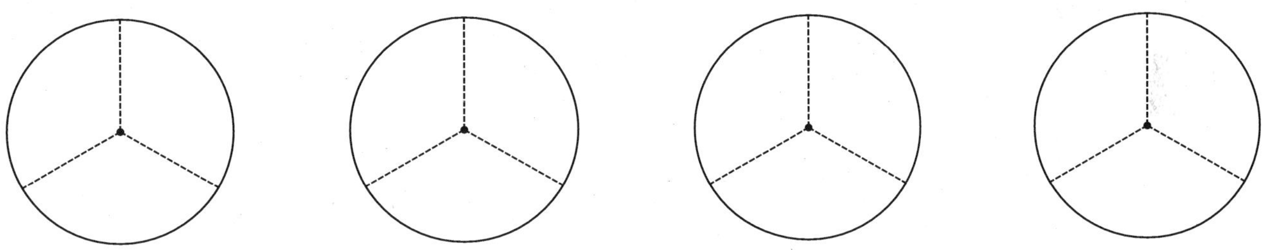

$\frac{1}{3}$ $\frac{3}{6}$ $\frac{4}{12}$ $\frac{4}{6}$

❷ Mark behauptet:
„Wenn ich $\frac{5}{8}$ von meinem Pfannkuchen esse,
habe ich mehr als die Hälfte gegessen."
Stimmt das? O ja O nein

Begründe. (Tipp: Zeichne!)

Bruchteile vergleichen 2

❶ Ordne die Brüche nach ihrer Größe. Beginne mit dem kleinsten Bruch.

a) $\frac{1}{10}$, $\frac{1}{4}$, $\frac{1}{3}$, $\frac{1}{7}$, $\frac{1}{8}$, $\frac{1}{2}$, $\frac{1}{9}$, $\frac{1}{6}$

b) $\frac{3}{8}$, $\frac{7}{8}$, $\frac{6}{8}$, $\frac{1}{8}$, $\frac{5}{8}$, $\frac{8}{8}$, $\frac{2}{8}$, $\frac{4}{8}$

❷ Wer hat mehr Schokolade gegessen? Zeichne.

a) Paul: $2\frac{2}{3}$ Tafeln, Uwe: $2\frac{3}{4}$ Tafeln

__________________ hat mehr gegessen.

b) Ida: $1\frac{4}{10}$ Tafeln, Anna: $1\frac{3}{5}$ Tafeln

__________________ hat mehr gegessen.

60

Lernkontrolle 1

?

Name: ______________________ Klasse: ______ Datum: __________

❶ Viertle die Quadrate durch Linien. Finde drei verschiedene Möglichkeiten. Male jeweils ein Viertel an.

a) 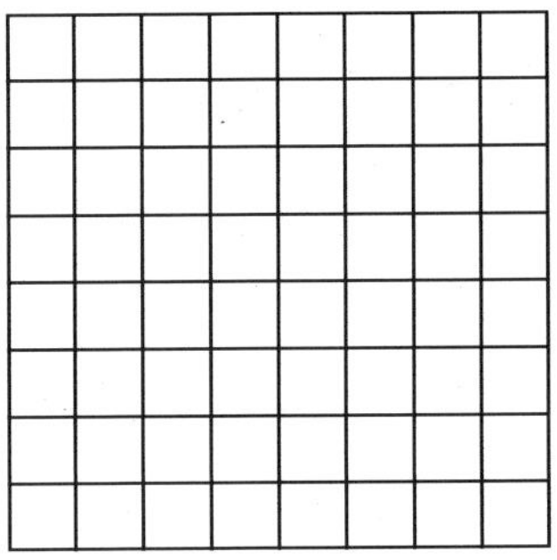

b) 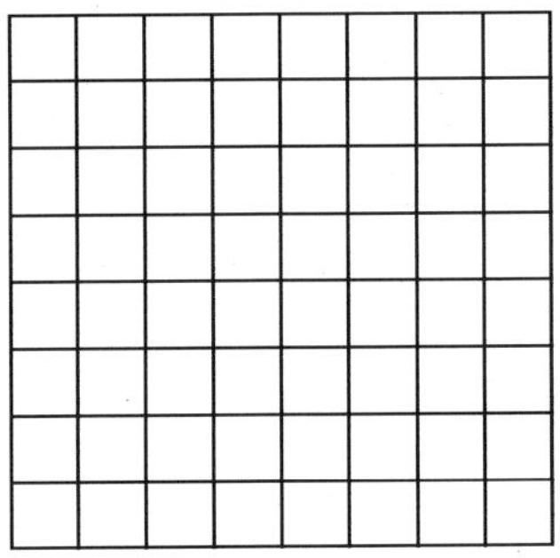

c) 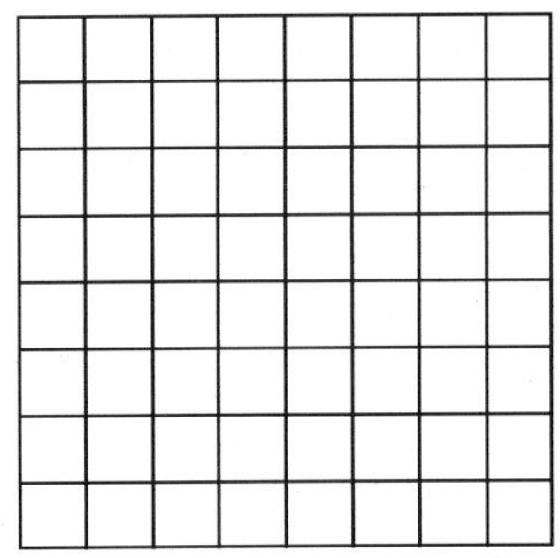

❷ Achtle die Lebensmittel durch Linien.

a) 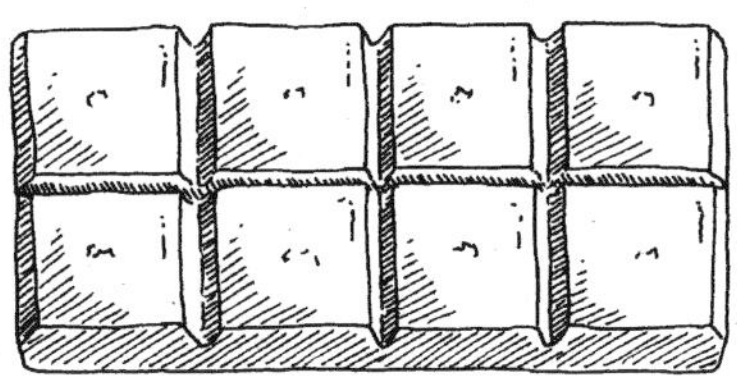

b) 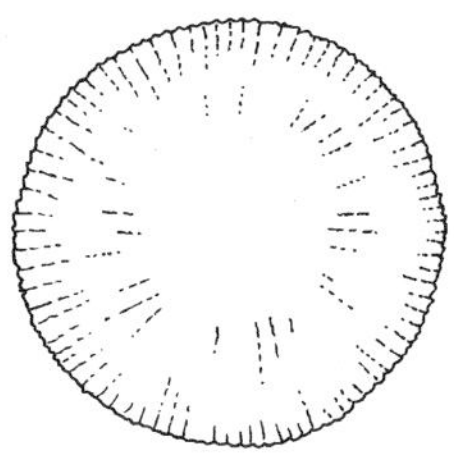

c) 

❸ Benenne den gefärbten Bruchteil.

a) 

Halbes ______ ______ ______ ______

b) 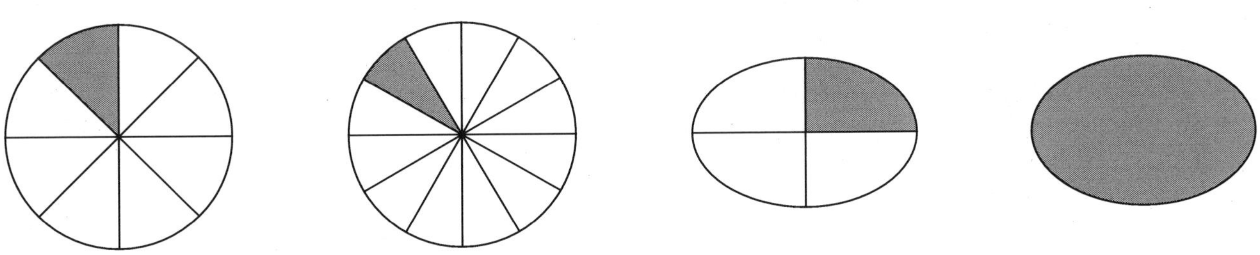

______ ______ ______ ______

61

Lernkontrolle 1

?

Name: ____________________

❹ Beantworte die folgenden Fragen.

a) Wie nennt man eine Bruchzahl, deren Zähler immer 1 ist? ____________________

b) Wie nennt man die Zahl unter dem Bruchstrich? ____________________

c) Was gibt die Zahl über dem Bruchstrich an? ____________________

____

d) Was gibt die Zahl unter dem Bruchstrich an? ____________________

____

❺ Schreibe als Bruchzahlen.

a)

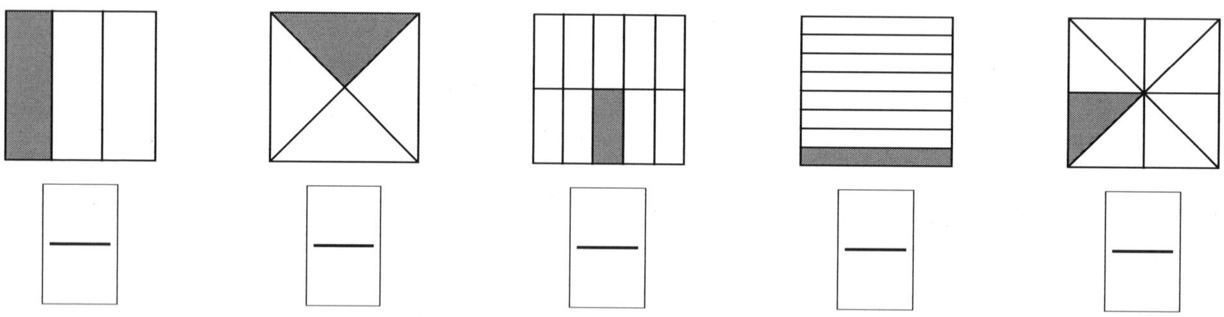

b)

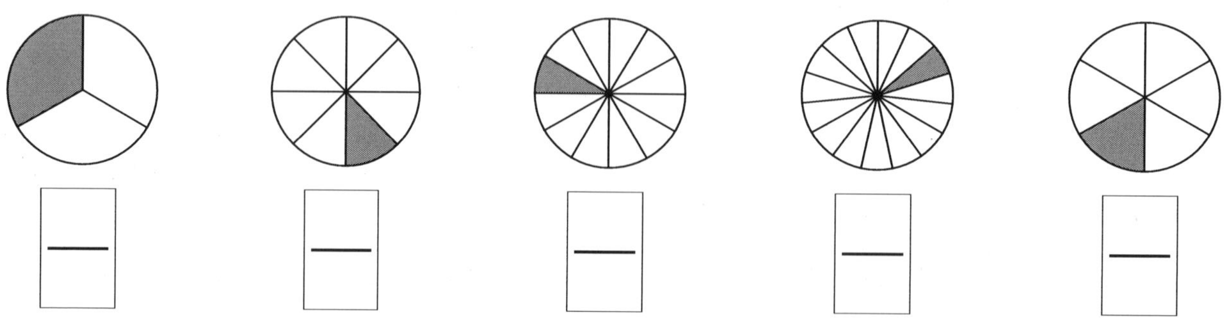

❻ Teile die Figuren in die Bruchteile auf.
Male jeweils ein Teil an.

a) b) c) d)

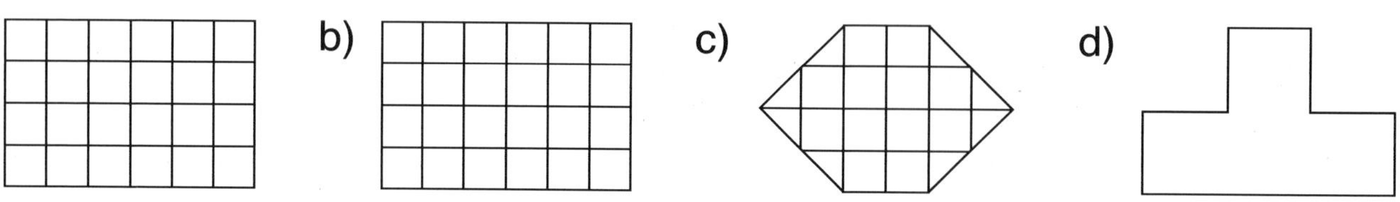

$\frac{1}{4}$ $\frac{1}{6}$ $\frac{1}{8}$ $\frac{1}{4}$

Lernkontrolle 2 ?

Name: ______________ Klasse: ______ Datum: __________

❶ Bestimme Zähler und Nenner.

a) 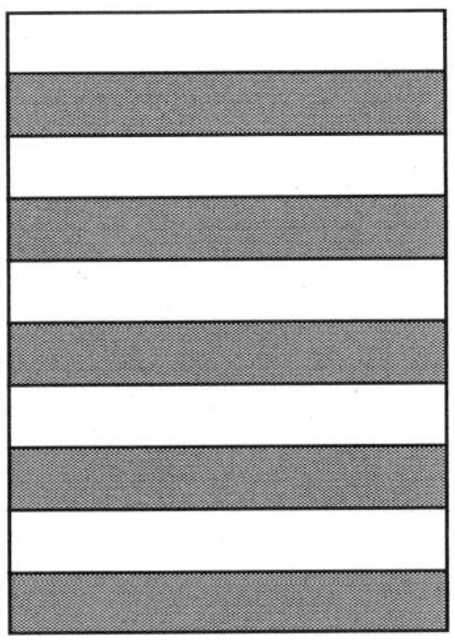

Zähler:
Nenner:

b) 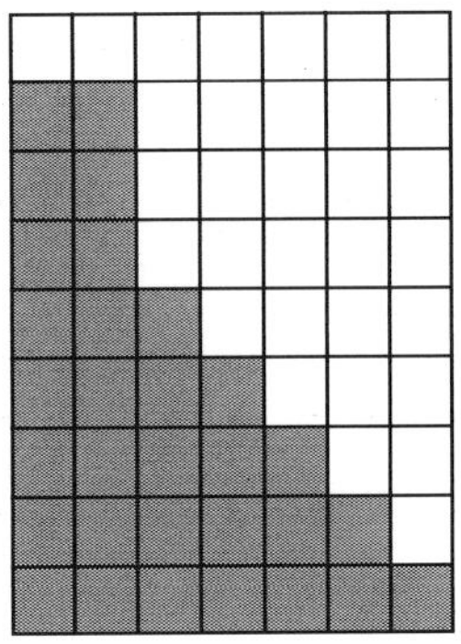

Zähler:
Nenner:

c) 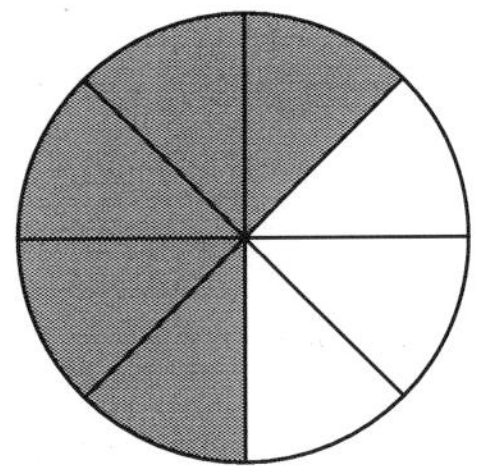

Zähler:
Nenner:

d) 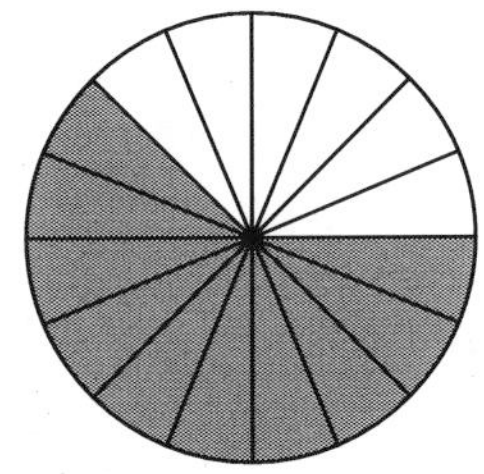

Zähler:
Nenner:

❷ Gib den Anteil der schwarzen Kugeln an.

a) 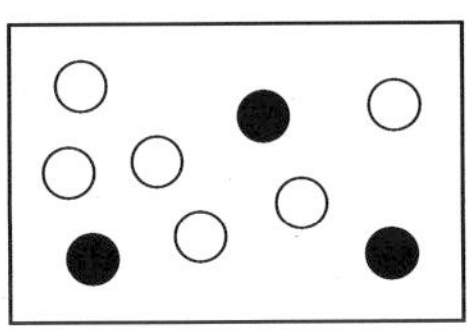

b) 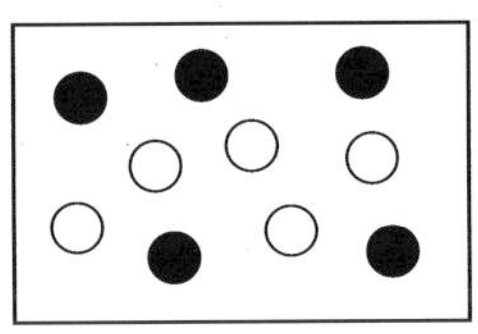

c) 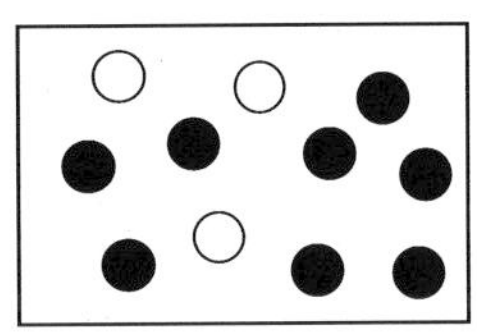

d) 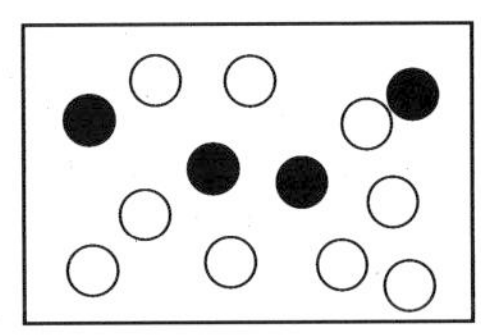

❸ Schreibe als Bruchzahlen.

a) 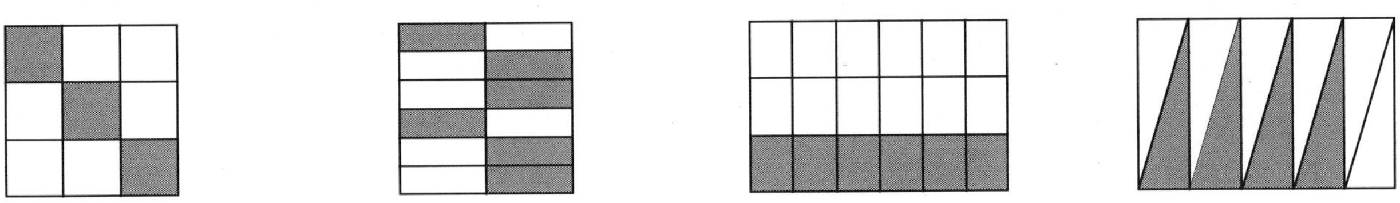

b) 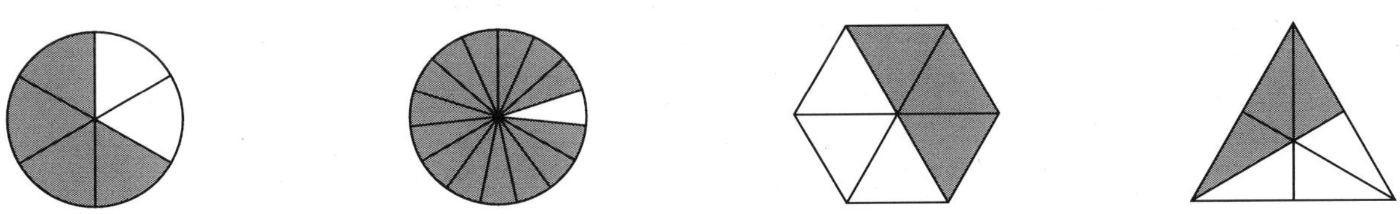

Lernkontrolle 2

?

Name: ______________________

❹ Teile die Quadrate in die Bruchteile auf.
Male die angegebenen Bruchteile an.

a) 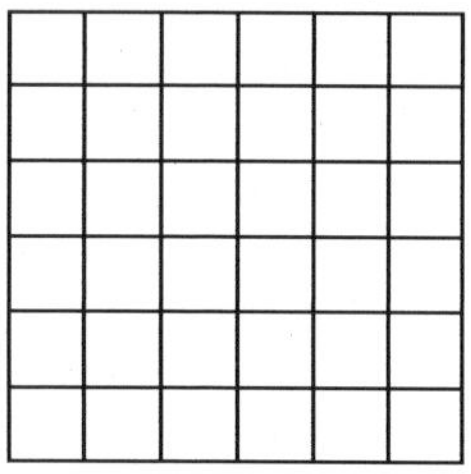

$\frac{1}{2}$

b) 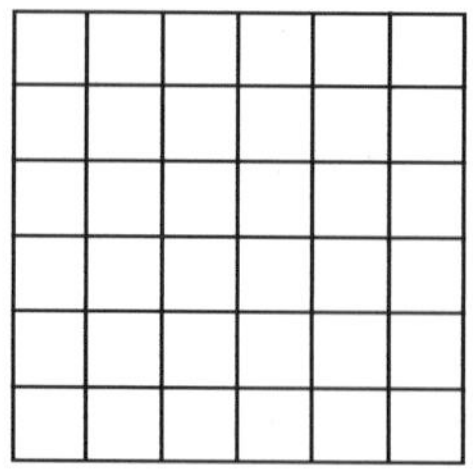

$\frac{3}{4}$

c) 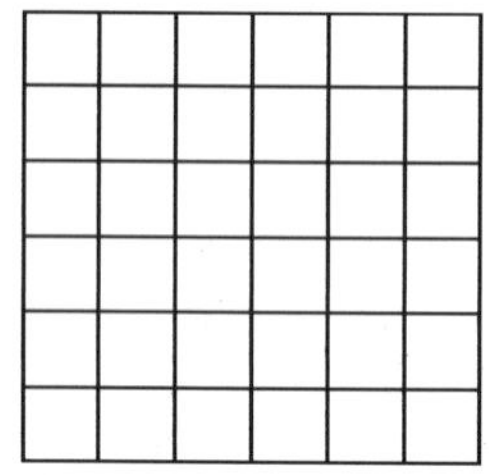

$\frac{3}{9}$

d) 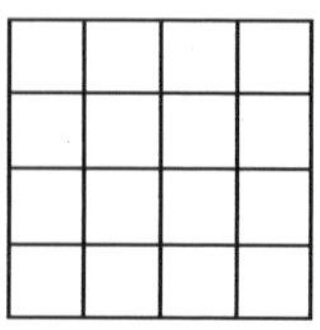

$\frac{5}{8}$

e) 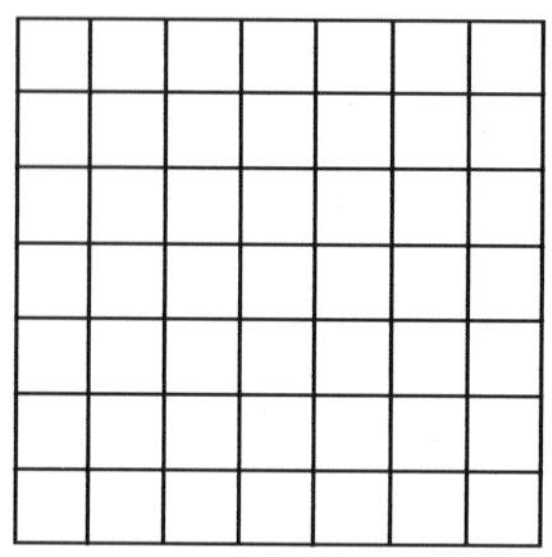

$\frac{10}{14}$

f) 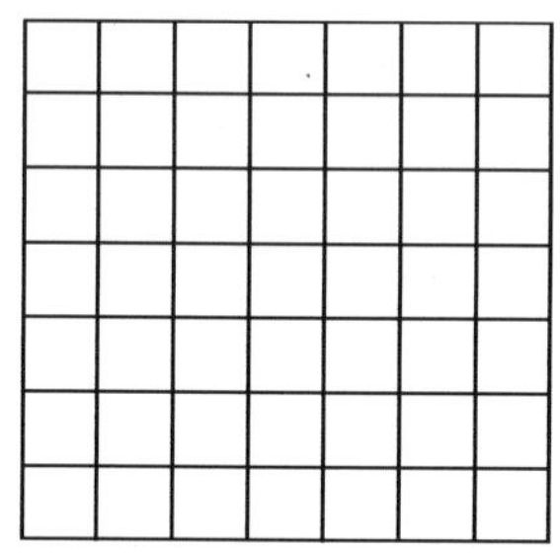

$\frac{3}{8}$

❺ Mutter schmiert Brötchen. Sieben Stück hat sie aufgeschnitten.

Wie viele Halbe sind das? __________ Halbe.

❻ Wandle um.

a) $\frac{10}{3} = \frac{\quad}{\quad}$

b) $\frac{25}{6} = \frac{\quad}{\quad}$

c) $7\frac{5}{8} = \frac{\quad}{\quad}$

d) $10\frac{5}{11} = \frac{\quad}{\quad}$

❼ Male die angegebenen Bruchteile an. Setze (>), (<) oder (=) ein.

a) 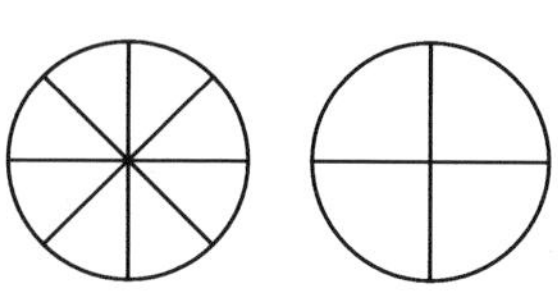

$\frac{5}{8}$ ◯ $\frac{3}{4}$

b) 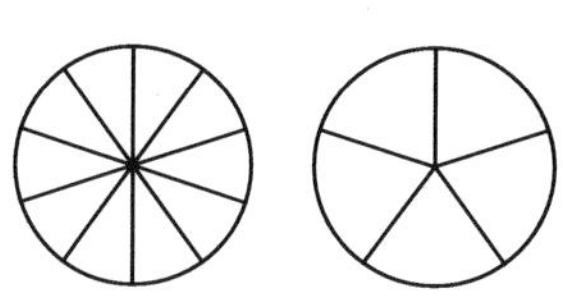

$\frac{3}{10}$ ◯ $\frac{2}{5}$

c) 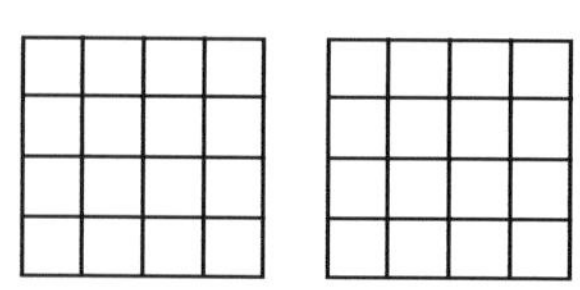

$\frac{4}{8}$ ◯ $\frac{2}{4}$

Schneidevorlage 1

Bitte 2x kopieren

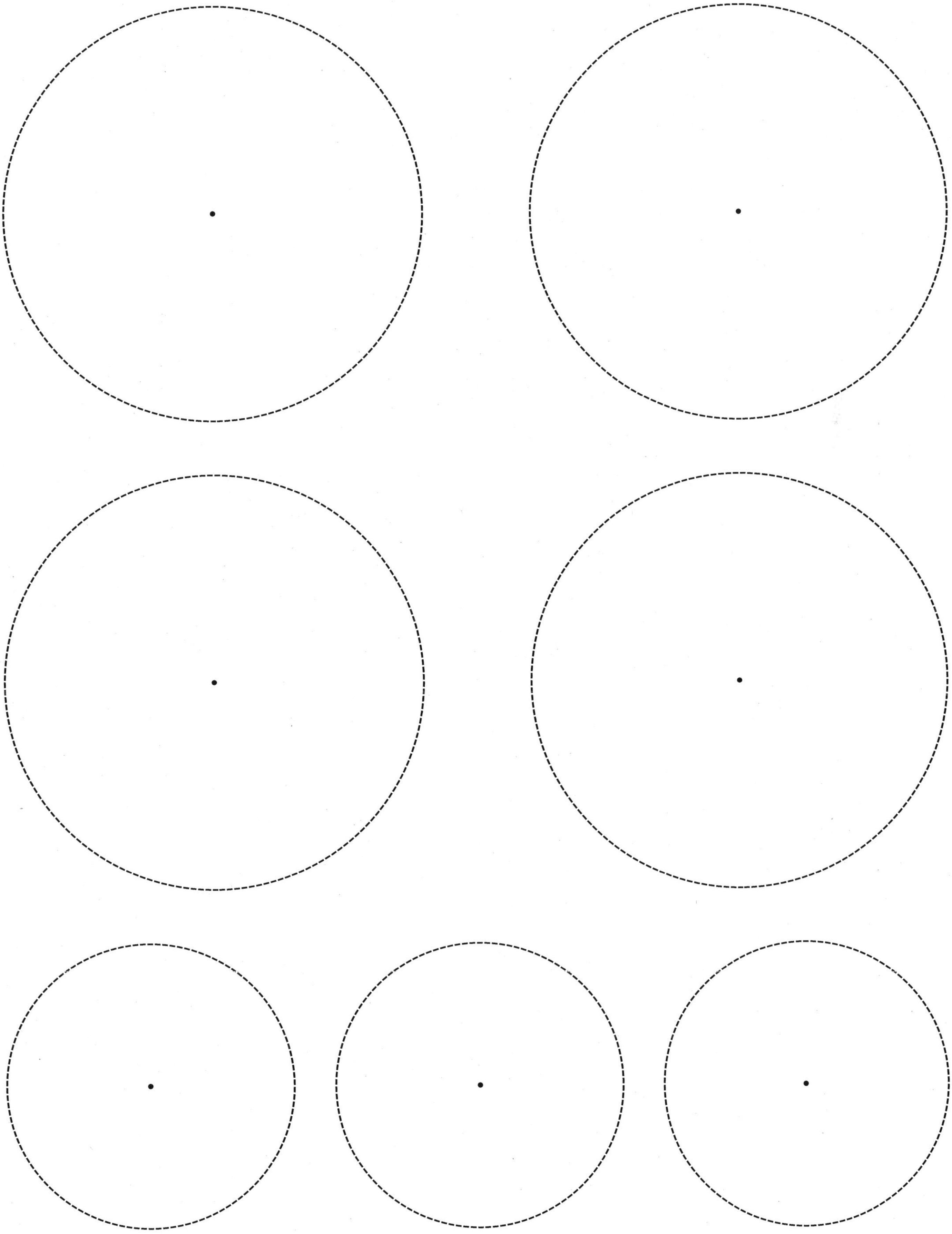

Schneidevorlage 2

Bitte 3x kopieren

Schneidevorlage 3

Bitte 1x kopieren

Schneidevorlage 4

Bitte 2x kopieren

Lösungen

1 Halbieren durch Falten und Schneiden 1

✂ Schneide aus: 1 Kreis
2 Quadrate

Schneidevorlage 1 und 2

❶ Halbiere den Kreis durch Falten.
Schneide **eine** Hälfte ab.
Klebe diese hier in den Kreis.

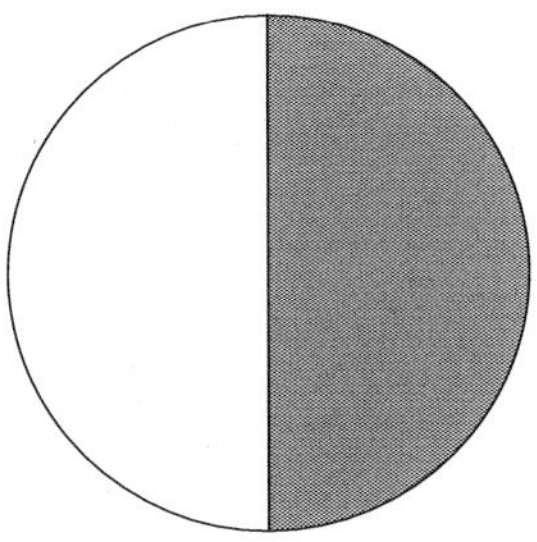

❷ Halbiere die Quadrate durch Falten. Finde zwei verschiedene Möglichkeiten.
Schneide jeweils **eine** Hälfte ab.
Klebe sie hier in die Quadrate.

a) b)

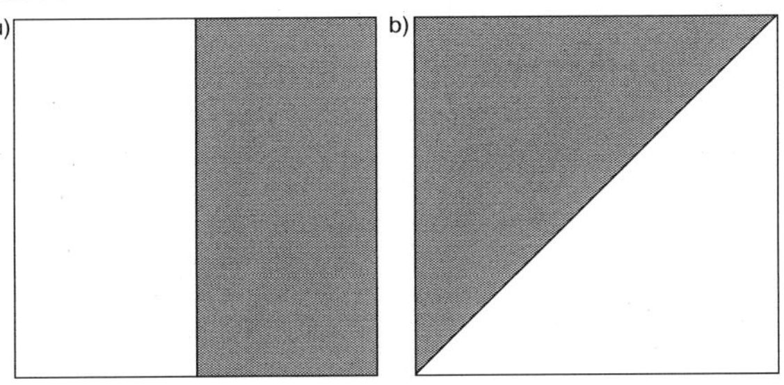

6

2 Halbieren durch Falten und Schneiden 2

✂ Schneide aus: 3 Rechtecke
4 Streifen in der richtigen Länge

Schneidevorlage 3 und 4

❶ Halbiere die Rechtecke durch Falten.
Finde verschiedene Möglichkeiten.
Schneide jeweils **eine** Hälfte ab.
Klebe sie hier in die Rechtecke.

a) b) c)

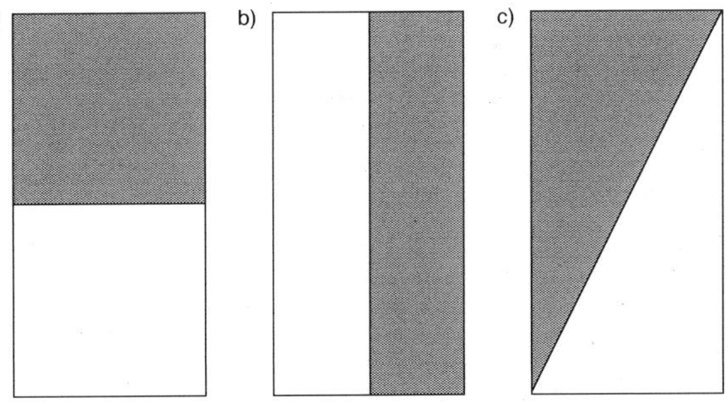

❷ Halbiere die Streifen durch Falten.
Schneide jeweils **eine** Hälfte ab.
Klebe sie hier in die Streifen.
(Achte auf die verschiedenen Längen der Streifen!)

a) b) c) d)

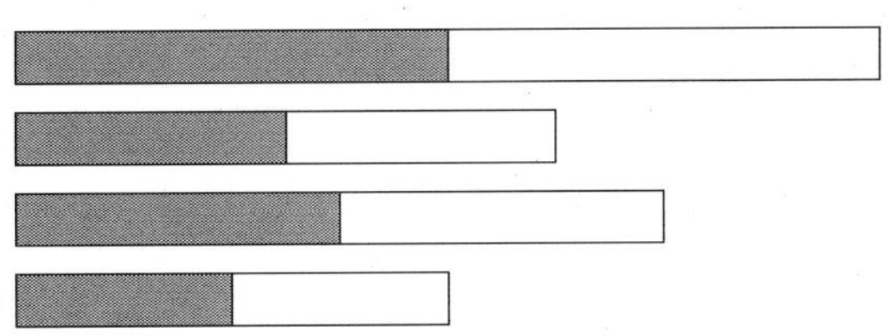

7

3 Halbieren von Lebensmitteln

Halbiere!

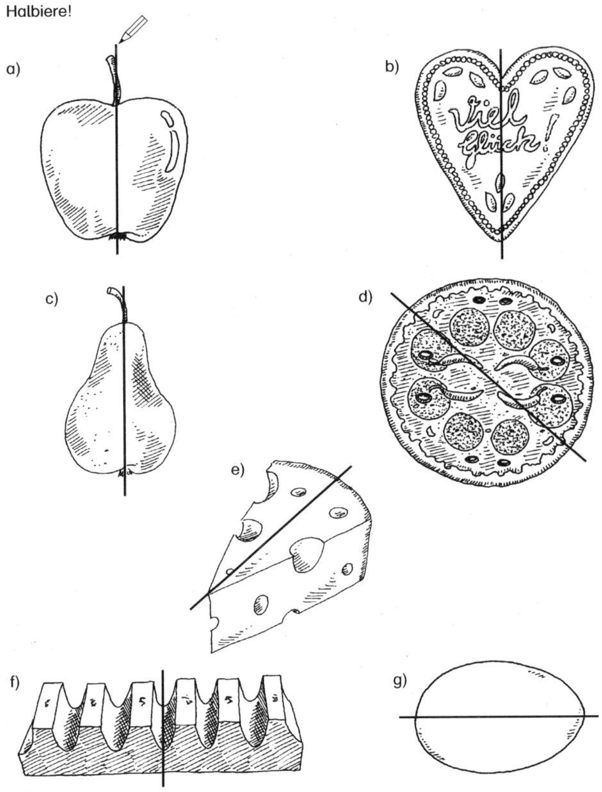

8

4 Halbieren von Vierecken

Halbiere die Vierecke. Finde verschiedene Möglichkeiten.
Male jeweils **eine** Hälfte an.

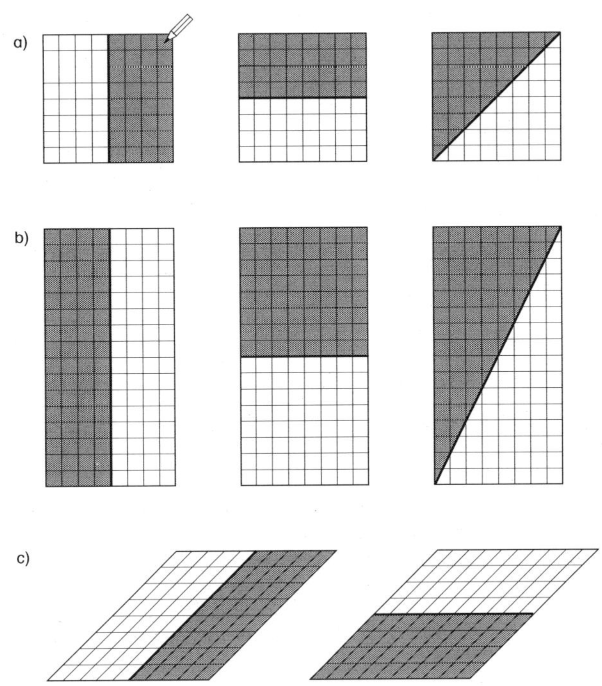

9

Lösungen

5 Halbieren von Figuren

Halbiere die Figuren.
Male jeweils **eine** Hälfte an.

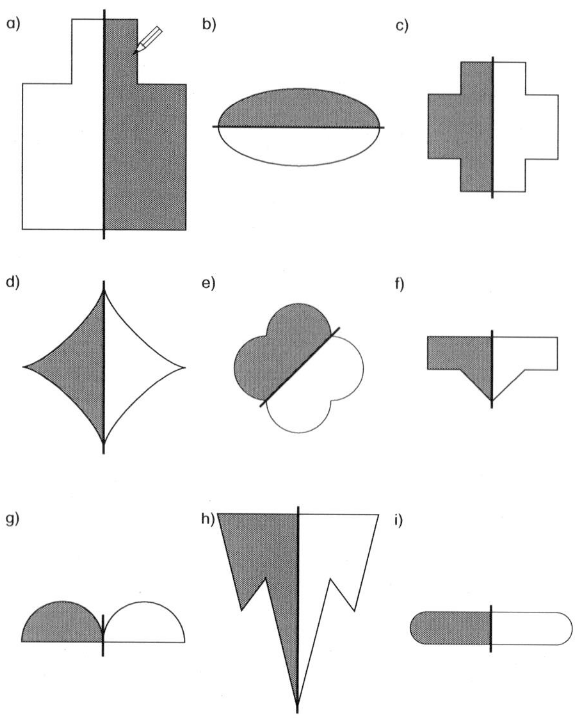

10

6 Vierteln durch Falten und Schneiden 1

✂ Schneide aus: 1 Kreis
2 Quadrate

Schneidevorlage 1 und 2

❶ Viertle den Kreis durch Falten.
Schneide **ein** Viertel ab.
Klebe dieses hier in den Kreis.

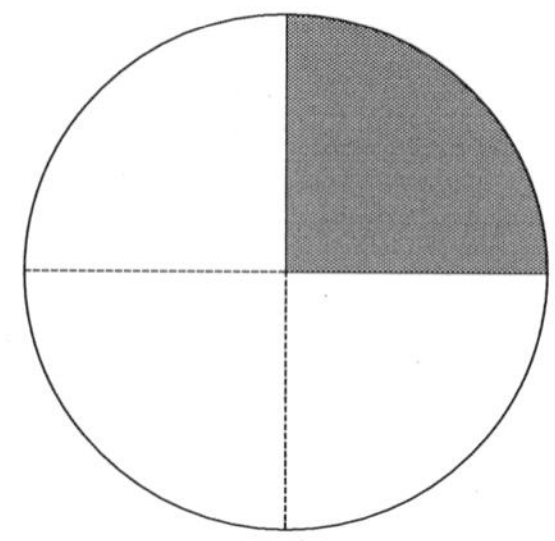

❷ Viertle die Quadrate durch Falten. Finde zwei verschiedene Möglichkeiten.
Schneide jeweils **ein** Viertel ab.
Klebe die Viertel hier in die Quadrate.

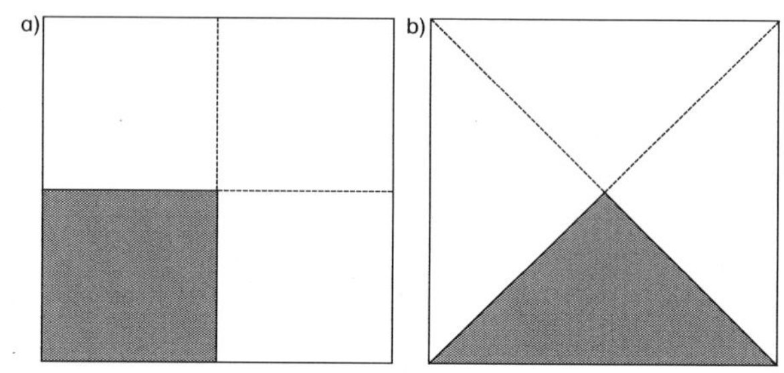

11

7 Vierteln durch Falten und Schneiden 2

✂ Schneide aus: 4 Rechtecke

Schneidevorlage 3

Viertle die Rechtecke durch Falten.
Finde vier verschiedene Möglichkeiten.
Schneide jeweils **ein** Viertel ab.
Klebe die Viertel hier in die Rechtecke.

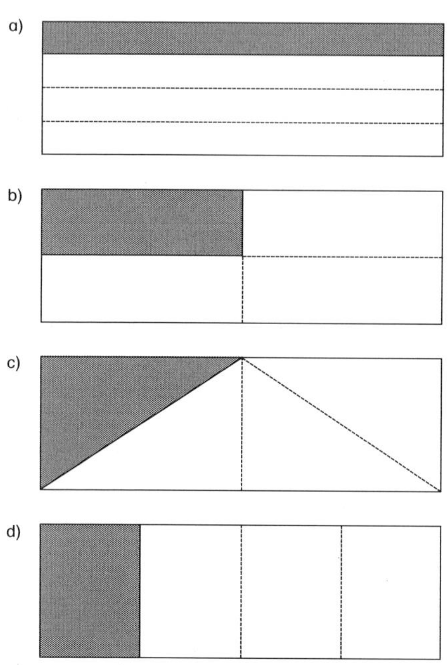

12

8 Vierteln von Lebensmitteln

Viertle!

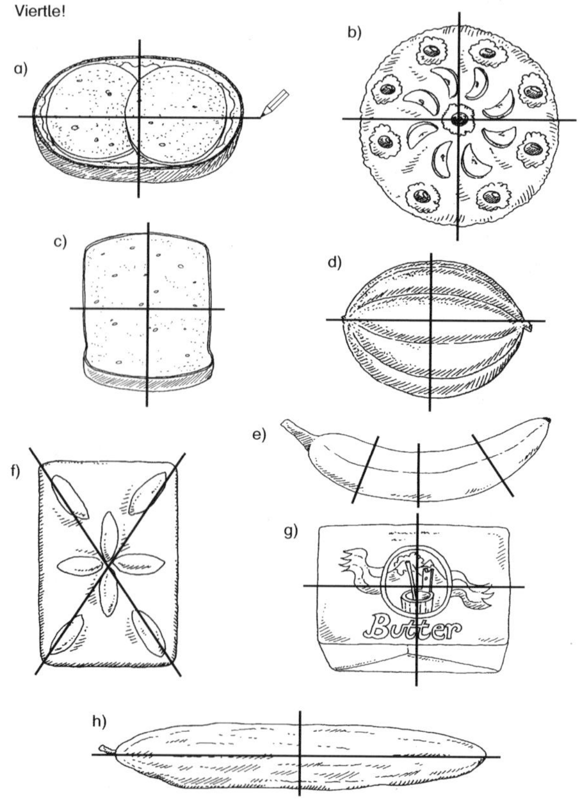

13

Lösungen

9 Vierteln von Vierecken

Viertle die Vierecke.
Finde verschiedene Möglichkeiten.
Male jeweils **ein** Viertel an.

a)
b)
c)

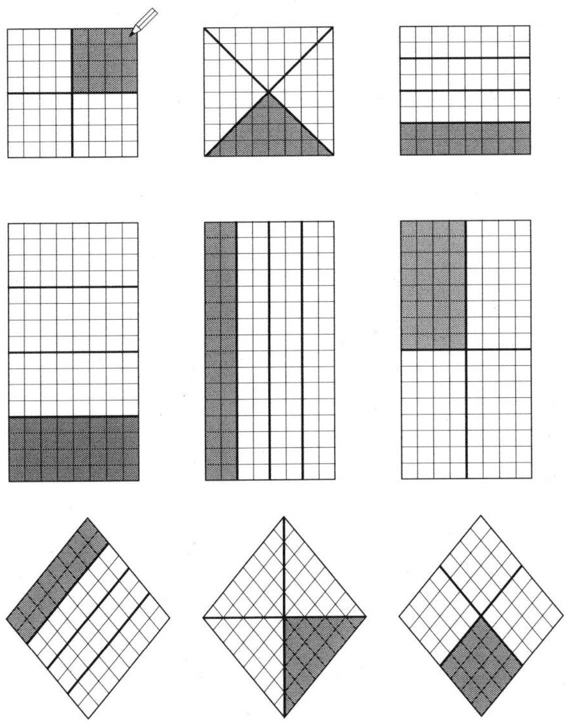

14

10 Vierteln von Figuren

Viertle die Figuren.
Male jeweils **ein** Viertel an.

a) b) c) d) e) f) g) h) i)

15

11 Achteln durch Falten und Schneiden 1

✂ Schneide aus: 1 Kreis
2 Quadrate

Schneidevorlage 1 und 2

❶ Achtle den Kreis durch Falten.
Schneide **zwei** Achtel ab.
Klebe die Achtel hier in die Kreise.

a) b)

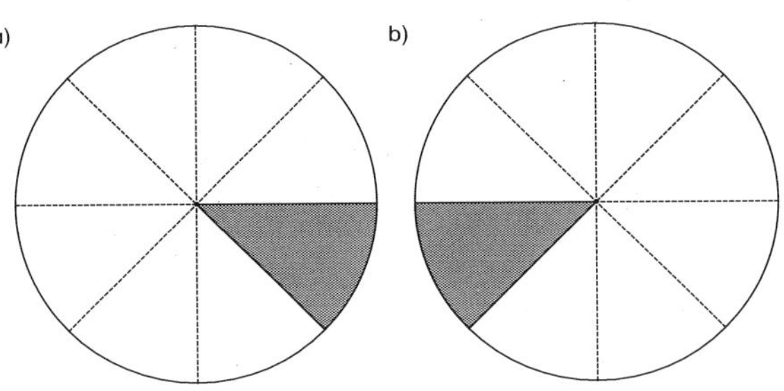

❷ Achtle die Quadrate durch Falten. Finde zwei verschiedene Möglichkeiten.
Schneide jeweils **ein** Achtel ab.
Klebe die Achtel hier in die Quadrate.

a) b)

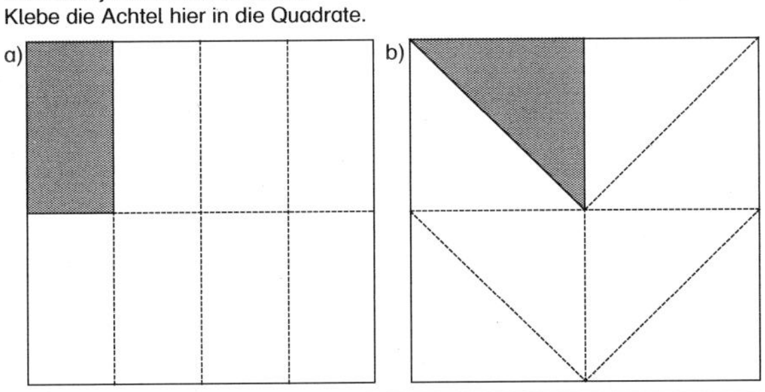

16

12 Achteln durch Falten und Schneiden 2

✂ Schneide aus: 2 Rechtecke
4 Streifen in der richtigen Länge

Schneidevorlage 4

❶ Achtle die Rechtecke durch Falten.
Finde zwei verschiedene Möglichkeiten.
Schneide jeweils **ein** Achtel ab.
Klebe die Achtel hier in die Rechtecke.

a)
b)

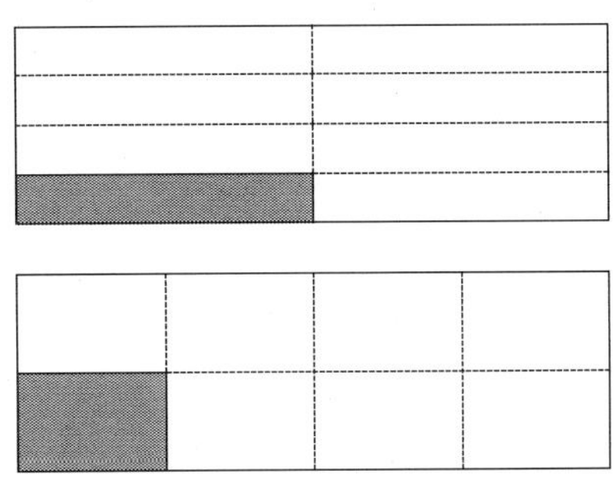

❷ Achtle die Streifen durch Falten.
Schneide jeweils **ein** Achtel ab.
Klebe die Achtel hier in die Streifen.
(Achte auf die verschiedenen Längen!)

a)
b)
c)
d)

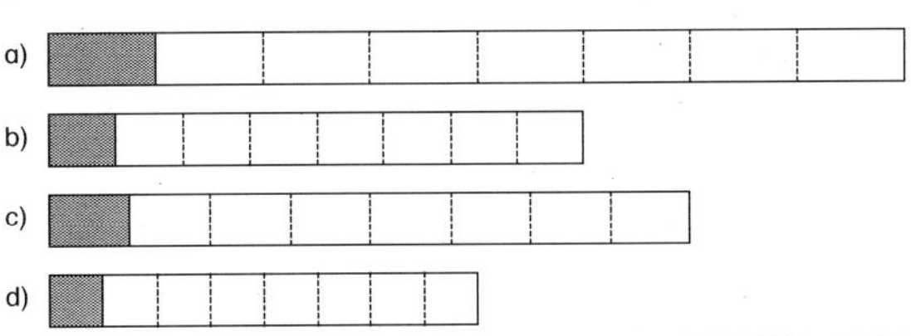

17

Lösungen

13 Achteln von Lebensmitteln

Achtle!

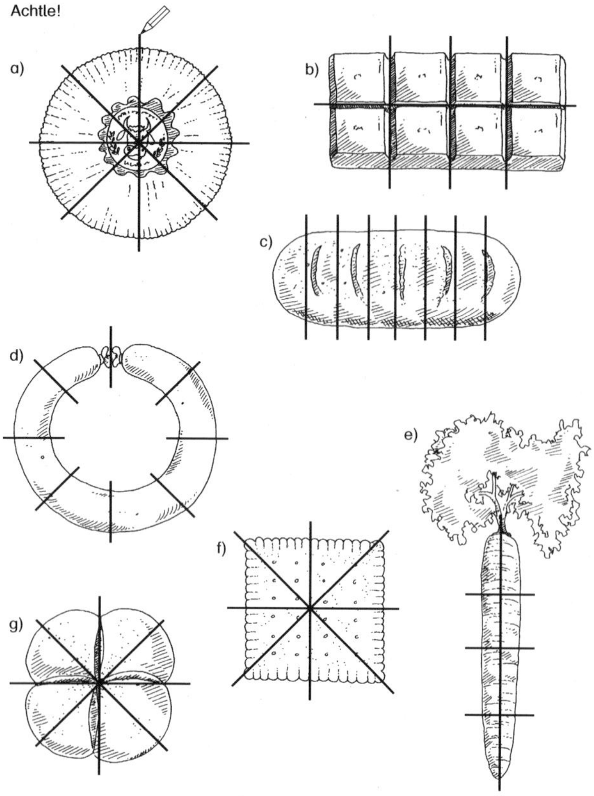

14 Achteln von Vierecken

Achtle die Vierecke.
Finde verschiedene Möglichkeiten.
Male jeweils **ein** Achtel an.

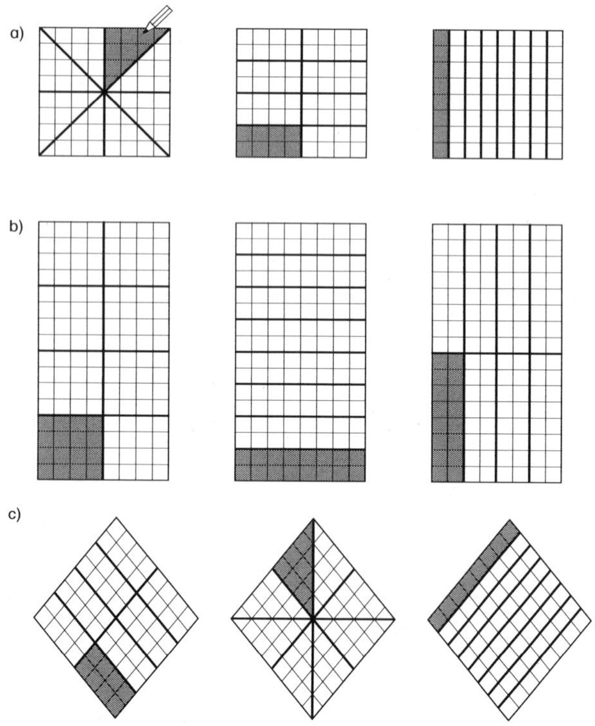

15 Achteln von Figuren

Achtle die Figuren.
Male jeweils **ein** Achtel an.

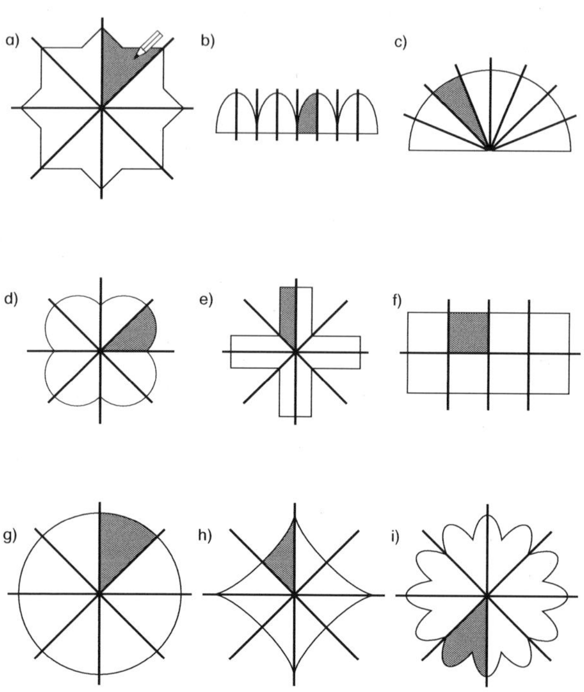

16 Gleichmäßiges Aufteilen durch Falten und Schneiden

✂ Schneide aus: 3 Kreise
3 Quadrate

Schneidevorlage 1 und 2

❶ Falte jeden Kreis so, dass du die angegebene Anzahl Teile erhältst.
Schneide jeweils **ein** Teil ab.
Klebe es in den entsprechenden Kreis. Beschrifte.

a) 4 gleich große Teile b) 8 gleich große Teile c) 16 gleich große Teile

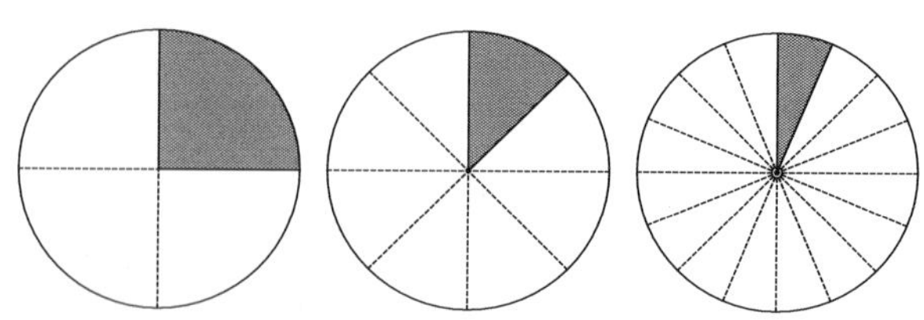

ein Viertel ein Achtel ein Sechzehntel

❷ Bearbeite die Quadrate wie in Aufgabe 1 beschrieben. Beschrifte.

a) 3 gleich große Teile b) 6 gleich große Teile c) 12 gleich große Teile

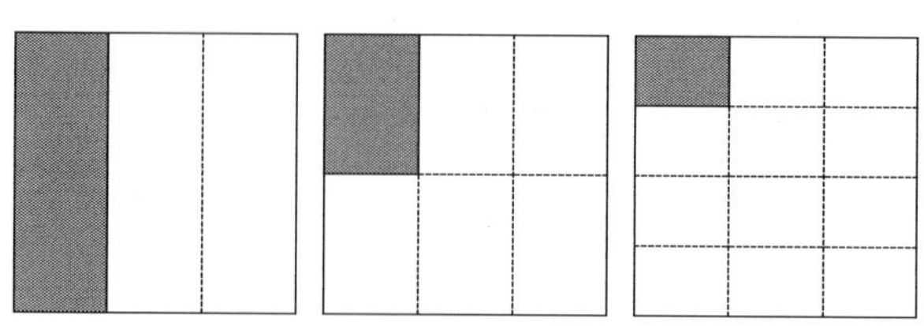

ein Drittel ein Sechstel ein Zwölftel

Lösungen

17 Gleichmäßiges Aufteilen von Lebensmitteln

Wie viele Teile?

a)

5 Teile

b)

2 Teile

c)

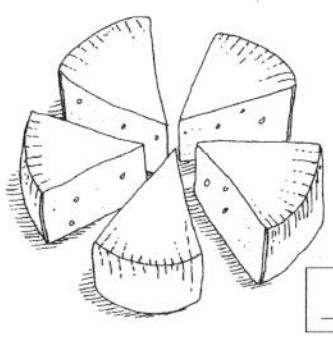

5 Teile

d)

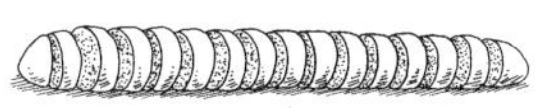

16 Teile

e)

3 Teile

f)

6 Teile

g)

7 Teile

h)

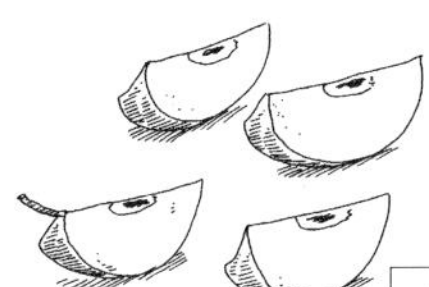

4 Teile

18 Gleichmäßiges Aufteilen – Vierecke 1

❶ Wie heißt der graue Bruchteil?

a)

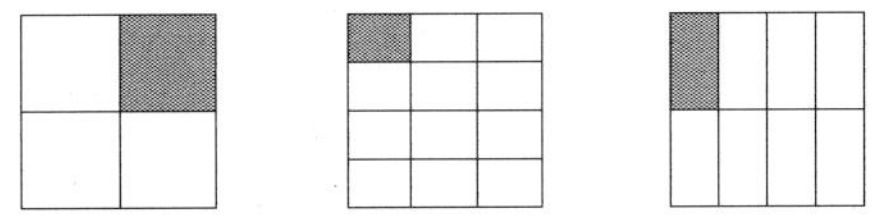

ein Viertel — ein Zwölftel — ein Achtel

b)

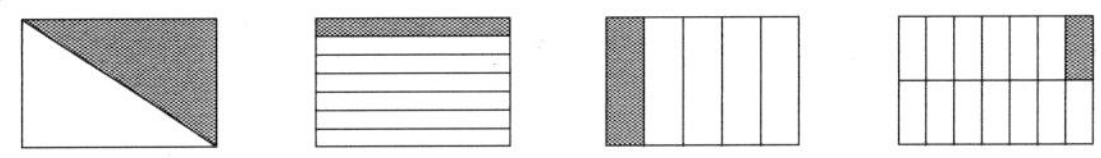

ein Halbes — ein Siebtel — ein Fünftel — ein Vierzehntel

c)

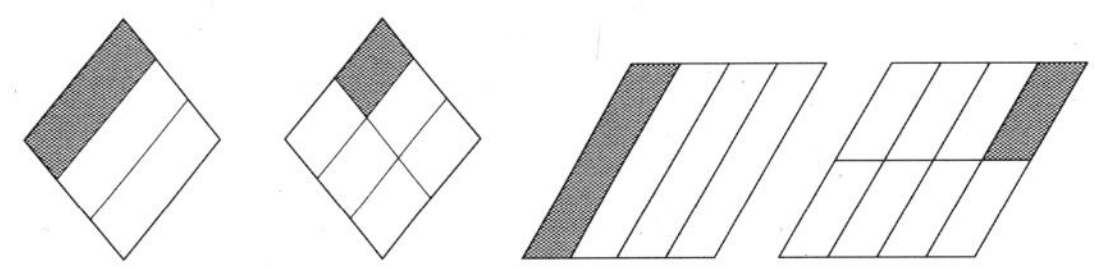

ein Drittel — ein Sechstel — ein Viertel — ein Achtel

❷ Sind alle grauen Anteile gleich groß? ☒ ja ○ nein

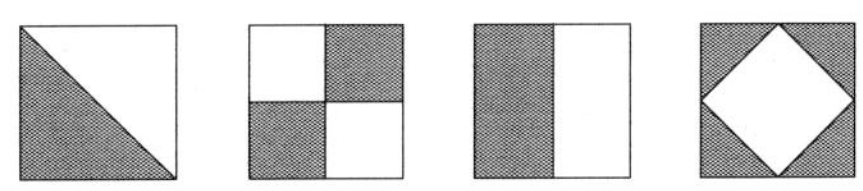

Begründe! Alle Quadrate sind gleich groß.

Bei jedem Quadrat ist genau die Hälfte der Fläche grau.

19 Gleichmäßiges Aufteilen – Vierecke 2

❶ Teile auf.

a) 2 Teile — 4 Teile — 6 Teile

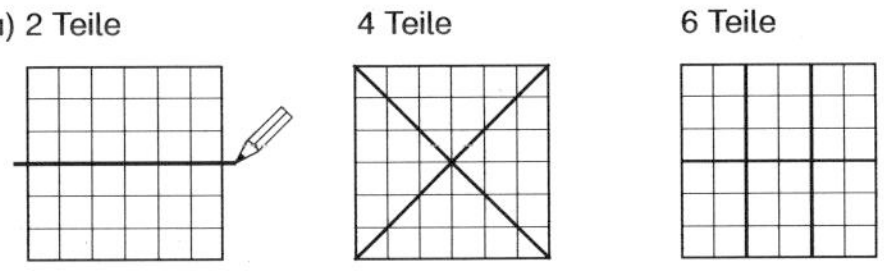

b) 2 Teile — 3 Teile — 6 Teile — 9 Teile

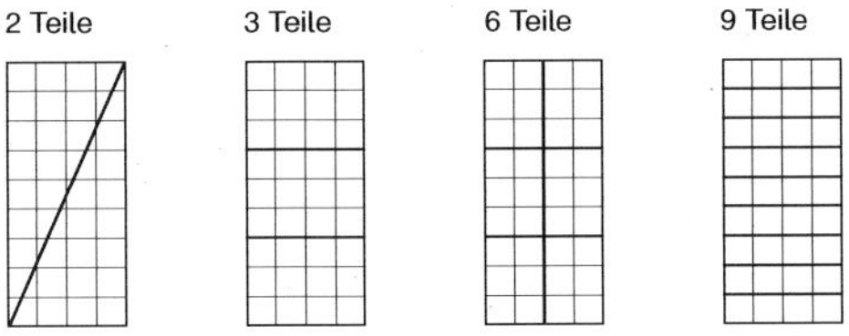

c) 2 Teile — 4 Teile — 8 Teile

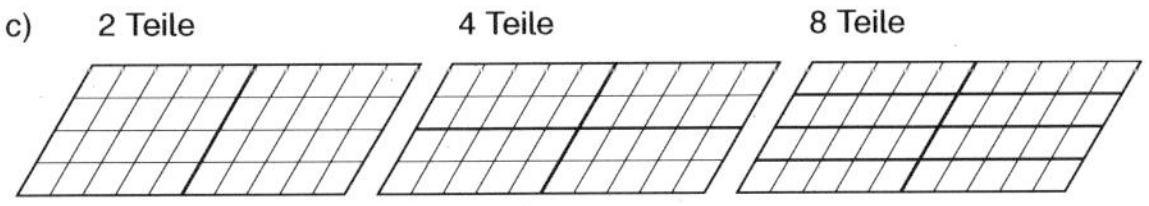

❷ Zeichne in dein Heft drei gleich große Rechtecke:

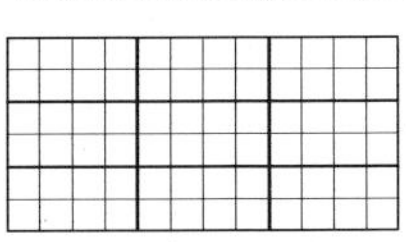

6 Kästchen hoch

12 Kästchen breit

Teile die Rechtecke durch Linien in Drittel. Finde zwei Möglichkeiten.

20 Gleichmäßiges Aufteilen – Kreise

❶ In welche Bruchteile wurden die Kreise aufgeteilt?

a) b) c) d)

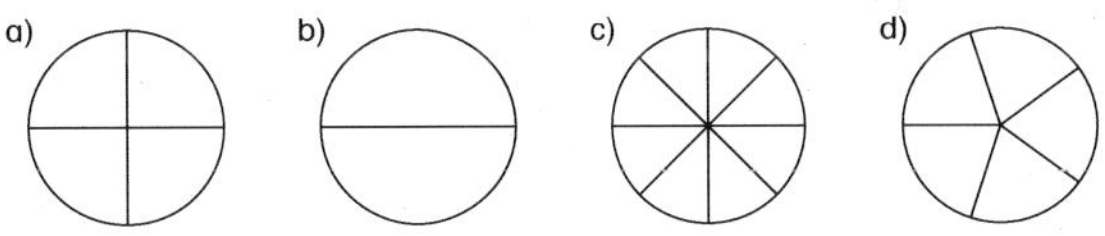

a) *Viertel* — b) Halbe — c) Achtel — d) Fünftel

e) f) g) h)

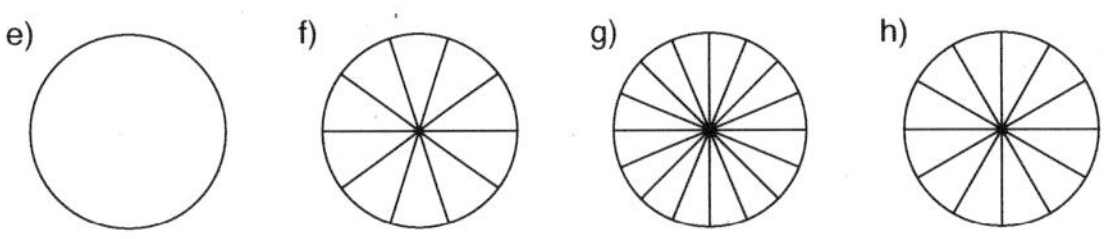

e) Ganzes — f) Zehntel — g) Sechzehntel — h) Zwölftel

❷ Streiche „falsche" Abbildungen durch.

a) Viertel — b) Drittel

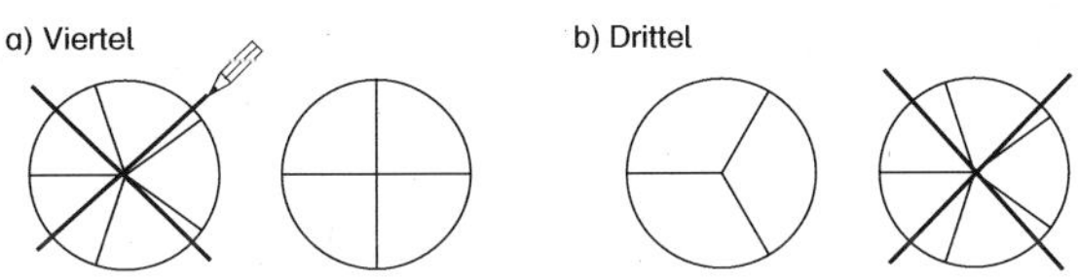

c) Zehntel — d) 16-tel

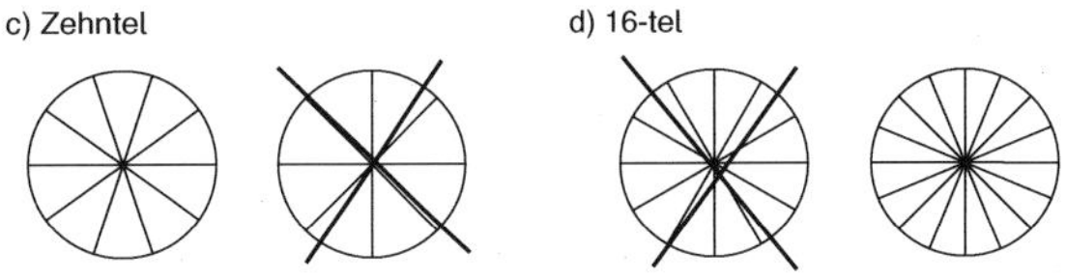

Lösungen

(21) Gleichmäßiges Aufteilen – Vielecke

Teile die Figuren in die angegebenen Bruchteile auf.
Male die Bruchteile mit zwei sich abwechselnden Farben an.

a)

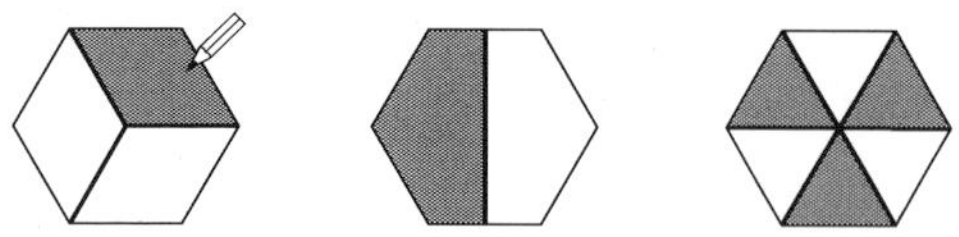

Drittel | *Halbe* | *Sechstel*

b)

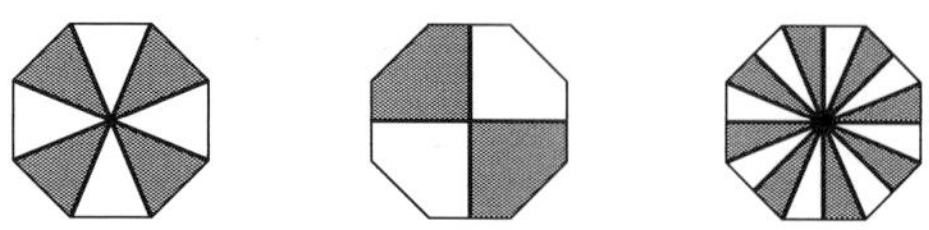

Achtel | *Viertel* | *16-tel*

c)

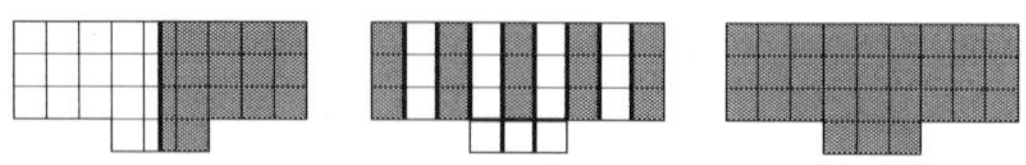

Halbe | *Zehntel* | *Ganzes*

d)

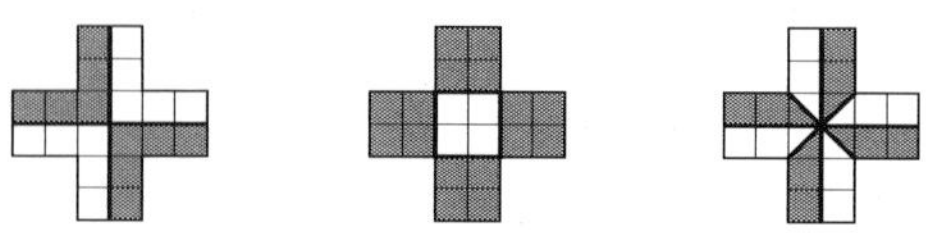

Viertel | *Fünftel* | *Achtel*

26

(22) Gleichmäßiges Aufteilen – Figuren

❶ In welche Bruchteile wurden die Figuren aufgeteilt?

a)

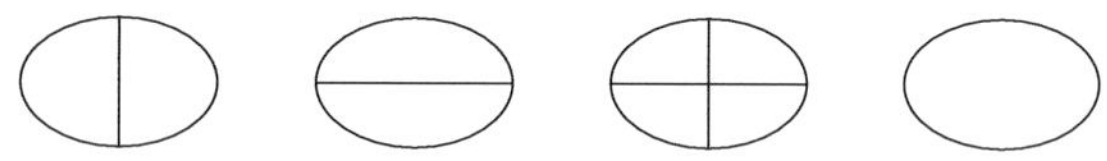

Halbe | Halbe | Viertel | Ganzes

b)

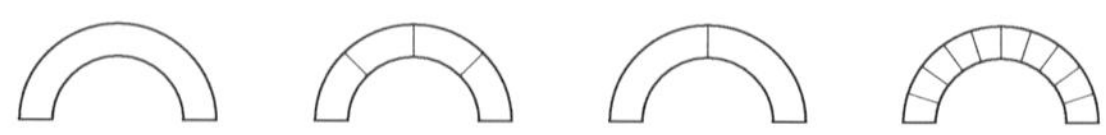

Ganzes | Viertel | Halbe | Zehntel

❷ Teile auf.

a) b) c) d)

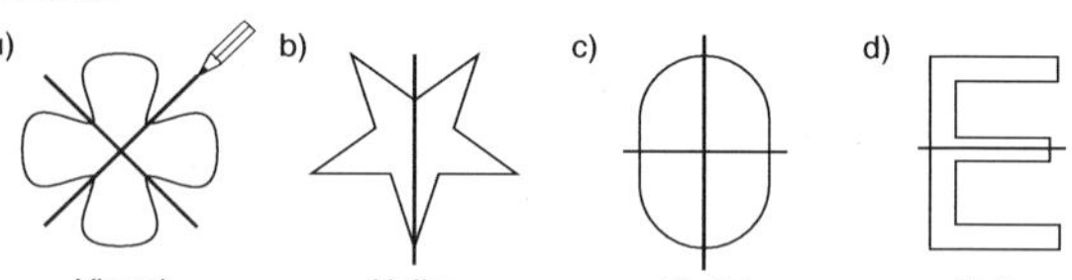

Viertel | *Halbe* | *Viertel* | *Halbe*

e) f) g) h)

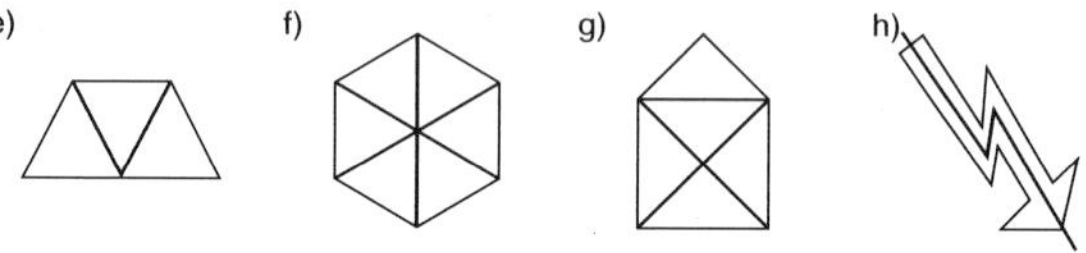

Drittel | *Sechstel* | *Fünftel* | *Halbe*

27

(23) Stammbrüche benennen – Lebensmittel

$\frac{1}{2}, \frac{1}{3}, \frac{1}{8}$ ... nennt man Stammbrüche. Über dem Strich steht immer eine 1.
Die Zahl unter dem Strich gibt an,
in wie viele Teile das Ganze aufgeteilt wird.

Schreibe als Stammbrüche.

a)

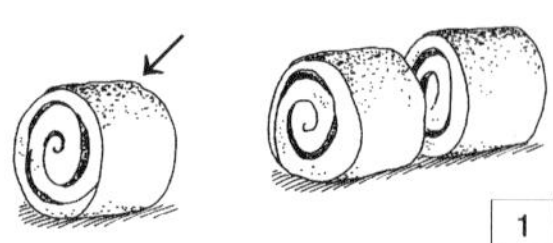

$\frac{1}{3}$

b)

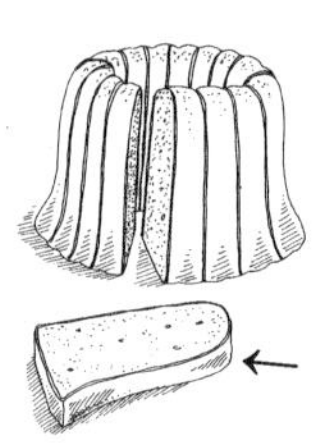

$\frac{1}{16}$

c)

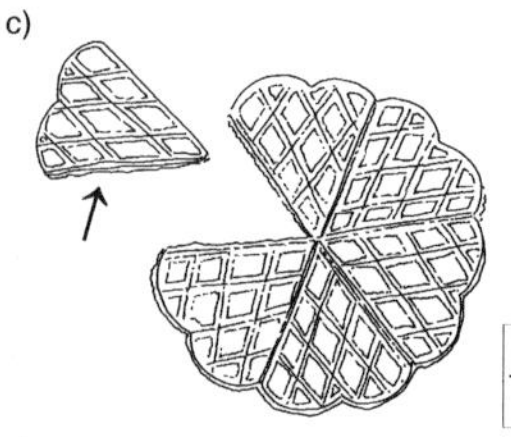

$\frac{1}{6}$

d)

$\frac{1}{4}$

e)

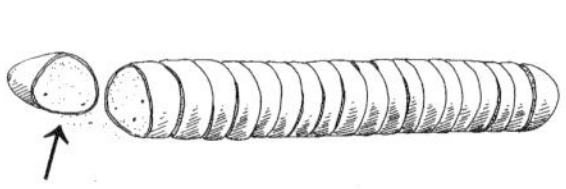

$\frac{1}{20}$

f)

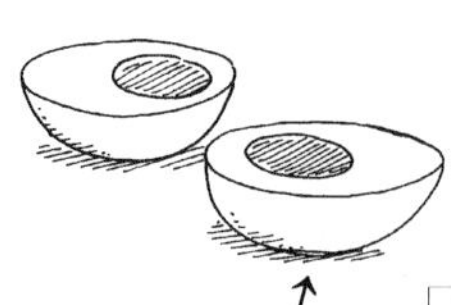

$\frac{1}{2}$

28

(24) Stammbrüche benennen – Vierecke

$\frac{1}{2}, \frac{1}{3}, \frac{1}{8}$ ... nennt man Stammbrüche. Über dem Strich steht immer eine 1.
Die Zahl unter dem Strich gibt an,
in wie viele Teile das Ganze aufgeteilt wird.

Schreibe als Stammbrüche.

a)

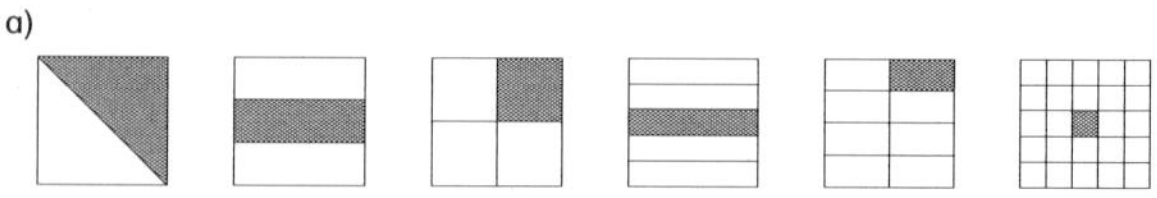

$\frac{1}{2}$ | $\frac{1}{3}$ | $\frac{1}{4}$ | $\frac{1}{5}$ | $\frac{1}{8}$ | $\frac{1}{25}$

b)

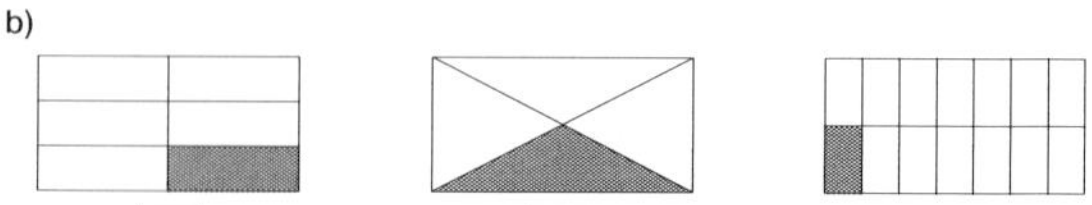

$\frac{1}{6}$ | $\frac{1}{4}$ | $\frac{1}{14}$

c)

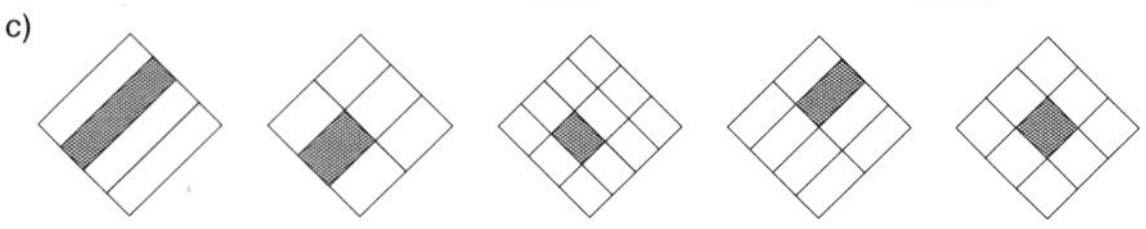

$\frac{1}{4}$ | $\frac{1}{6}$ | $\frac{1}{12}$ | $\frac{1}{8}$ | $\frac{1}{9}$

d)

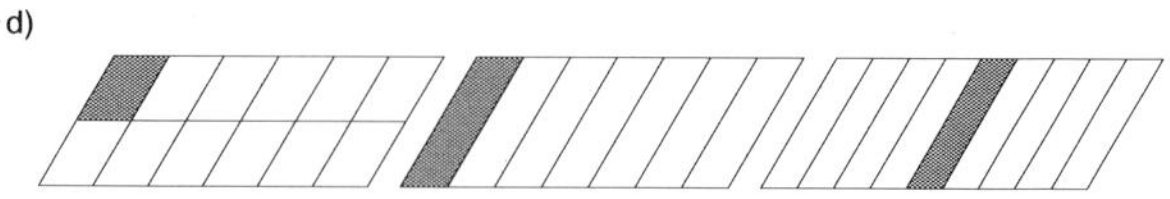

$\frac{1}{12}$ | $\frac{1}{7}$ | $\frac{1}{9}$

29

Lösungen

25 Stammbrüche benennen – Kreise

$\frac{1}{2}, \frac{1}{3}, \frac{1}{8}$ ... nennt man Stammbrüche. Über dem Strich steht immer eine 1.
Die Zahl unter dem Strich gibt an,
in wie viele Teile das Ganze aufgeteilt wird.

Kreise den richtigen Stammbruch ein.

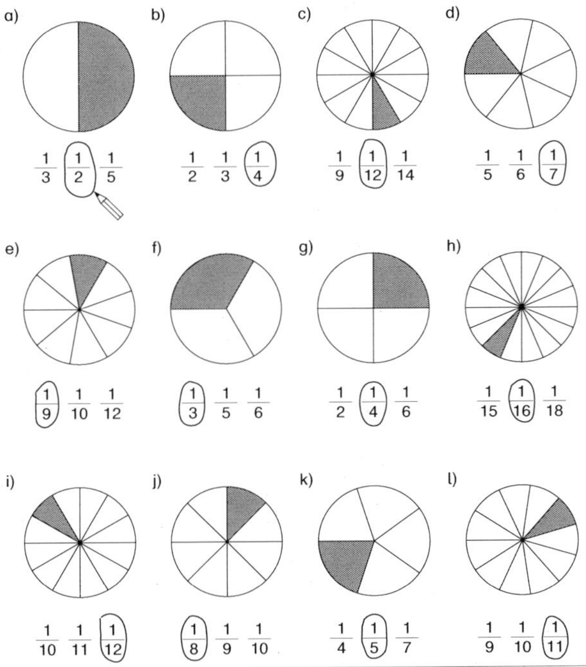

- a) $\frac{1}{3}$ **($\frac{1}{2}$)** $\frac{1}{5}$
- b) $\frac{1}{2}$ $\frac{1}{3}$ **($\frac{1}{4}$)**
- c) $\frac{1}{9}$ **($\frac{1}{12}$)** $\frac{1}{14}$
- d) $\frac{1}{5}$ $\frac{1}{6}$ **($\frac{1}{7}$)**
- e) **($\frac{1}{9}$)** $\frac{1}{10}$ $\frac{1}{12}$
- f) **($\frac{1}{3}$)** $\frac{1}{5}$ $\frac{1}{6}$
- g) $\frac{1}{2}$ **($\frac{1}{4}$)** $\frac{1}{6}$
- h) $\frac{1}{15}$ **($\frac{1}{16}$)** $\frac{1}{18}$
- i) $\frac{1}{10}$ $\frac{1}{11}$ **($\frac{1}{12}$)**
- j) **($\frac{1}{8}$)** $\frac{1}{9}$ $\frac{1}{10}$
- k) $\frac{1}{4}$ **($\frac{1}{5}$)** $\frac{1}{7}$
- l) $\frac{1}{9}$ $\frac{1}{10}$ **($\frac{1}{11}$)**

30

26 Stammbrüche benennen – Figuren

Schreibe als Stammbrüche.

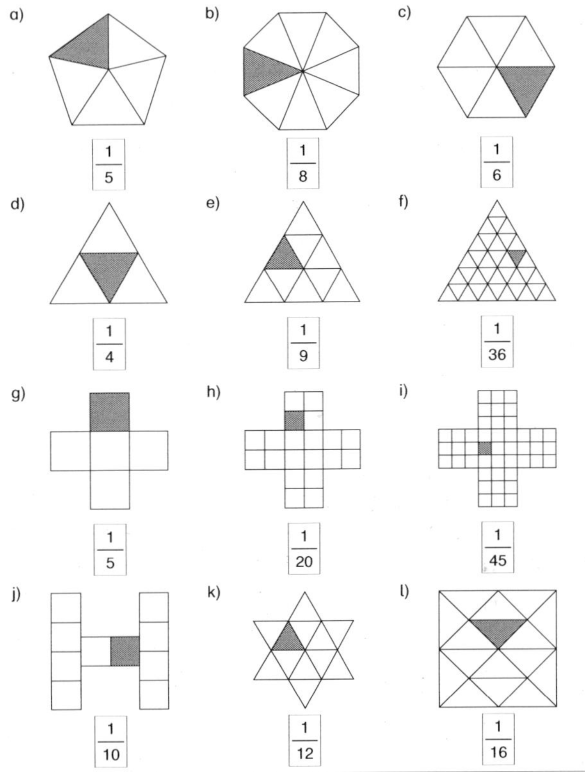

- a) $\frac{1}{5}$
- b) $\frac{1}{8}$
- c) $\frac{1}{6}$
- d) $\frac{1}{4}$
- e) $\frac{1}{9}$
- f) $\frac{1}{36}$
- g) $\frac{1}{5}$
- h) $\frac{1}{20}$
- i) $\frac{1}{45}$
- j) $\frac{1}{10}$
- k) $\frac{1}{12}$
- l) $\frac{1}{16}$

31

27 Stammbrüche zeichnen – Vierecke

Teile die Vierecke in die angegebenen Bruchteile auf.
Male jeweils ein Teil an.

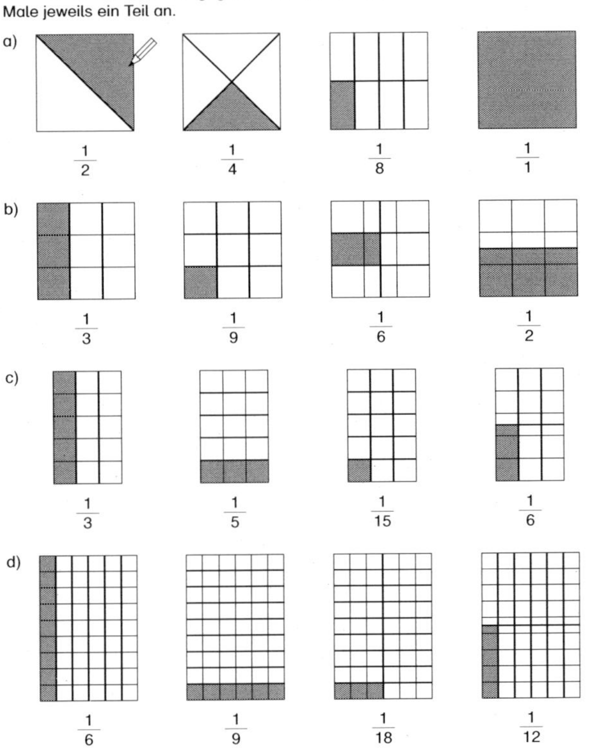

- a) $\frac{1}{2}$ $\frac{1}{4}$ $\frac{1}{8}$ $\frac{1}{1}$
- b) $\frac{1}{3}$ $\frac{1}{9}$ $\frac{1}{6}$ $\frac{1}{2}$
- c) $\frac{1}{3}$ $\frac{1}{5}$ $\frac{1}{15}$ $\frac{1}{6}$
- d) $\frac{1}{6}$ $\frac{1}{9}$ $\frac{1}{18}$ $\frac{1}{12}$

32

28 Stammbrüche zeichnen – Kreise

Teile die Kreise in die angegebenen Bruchteile auf.
Male jeweils ein Teil an.

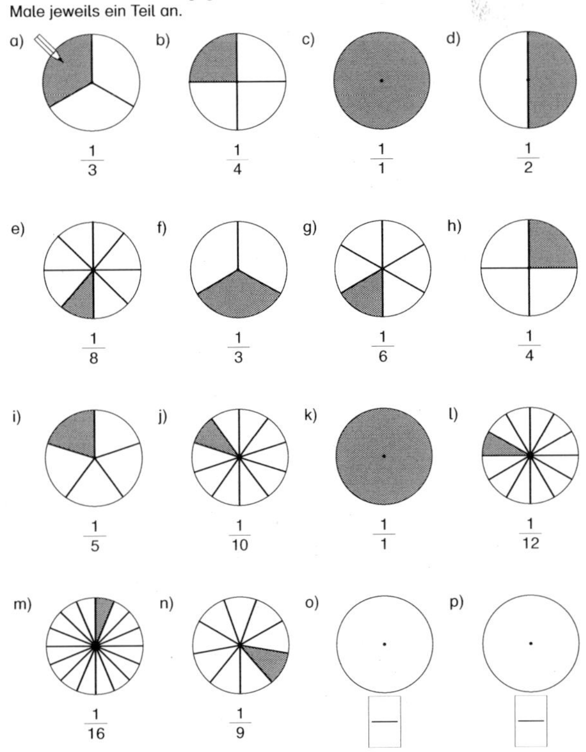

- a) $\frac{1}{3}$ b) $\frac{1}{4}$ c) $\frac{1}{1}$ d) $\frac{1}{2}$
- e) $\frac{1}{8}$ f) $\frac{1}{3}$ g) $\frac{1}{6}$ h) $\frac{1}{4}$
- i) $\frac{1}{5}$ j) $\frac{1}{10}$ k) $\frac{1}{1}$ l) $\frac{1}{12}$
- m) $\frac{1}{16}$ n) $\frac{1}{9}$ o) — p) —

33

Lösungen

29 Stammbrüche zeichnen – Figuren

❶ Teile die Figuren in die angegebenen Bruchteile auf.
Male jeweils ein Teil an.

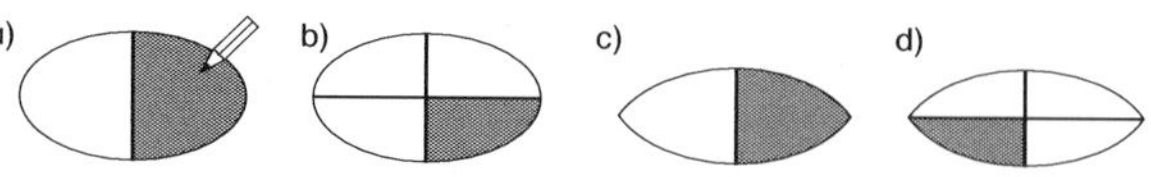

a) $\frac{1}{2}$ b) $\frac{1}{4}$ c) $\frac{1}{2}$ d) $\frac{1}{4}$

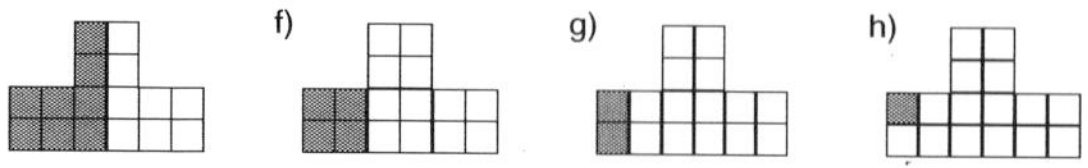

e) $\frac{1}{2}$ f) $\frac{1}{4}$ g) $\frac{1}{8}$ h) $\frac{1}{16}$

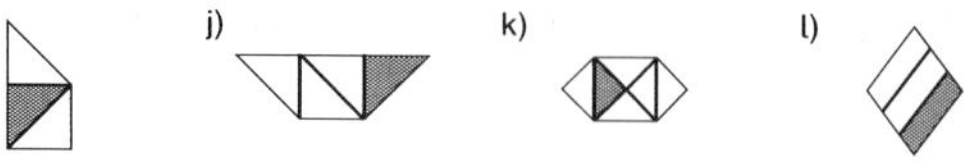

i) $\frac{1}{3}$ j) $\frac{1}{4}$ k) $\frac{1}{6}$ l) $\frac{1}{3}$

❷ Erfinde selbst zwei Figuren.
Teile die eine Figur in Drittel und die andere in Viertel.
Male jeweils ein Teil an.

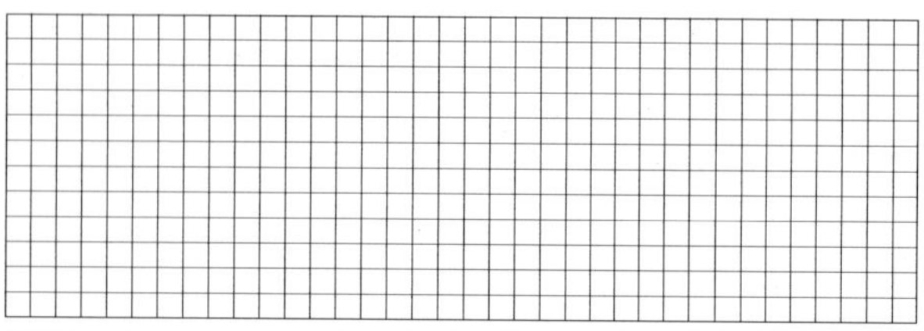

30 Stammbrüche – gemischte Übungen

❶ Kreise den richtigen Stammbruch ein.

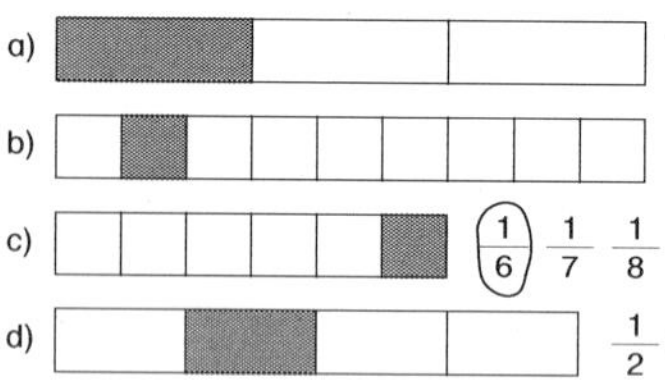

a) $\frac{1}{2}$ ($\frac{1}{3}$) $\frac{1}{4}$

b) $\frac{1}{7}$ $\frac{1}{8}$ ($\frac{1}{9}$)

c) ($\frac{1}{6}$) $\frac{1}{7}$ $\frac{1}{8}$

d) $\frac{1}{2}$ ($\frac{1}{4}$) $\frac{1}{6}$

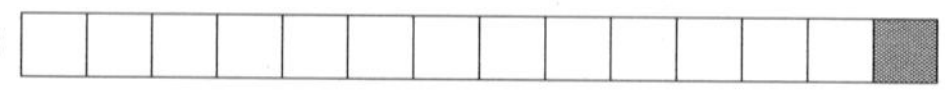

e) $\frac{1}{13}$ ($\frac{1}{14}$) $\frac{1}{15}$

❷ Teile die Streifen in die angegebenen Bruchteile auf.
Male jeweils ein Teil an.

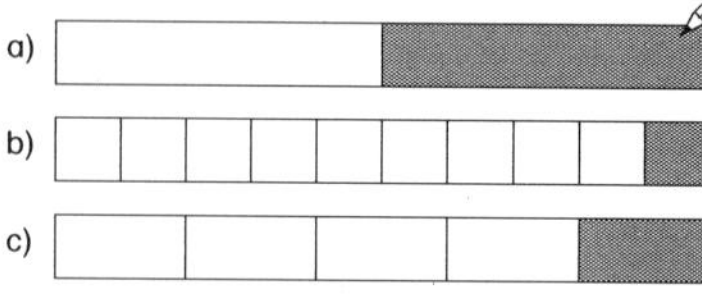

a) $\frac{1}{2}$ b) $\frac{1}{10}$ c) $\frac{1}{5}$

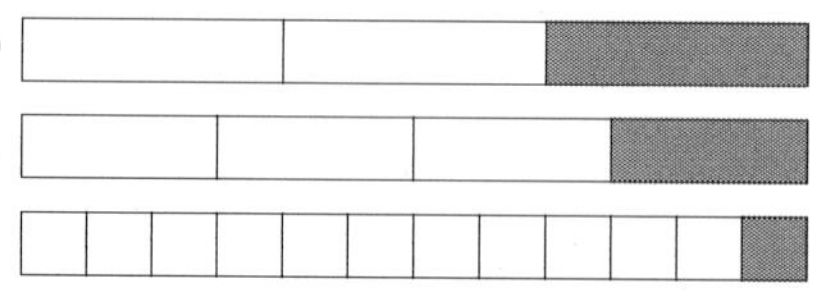

d) $\frac{1}{3}$ e) $\frac{1}{4}$ f) $\frac{1}{12}$

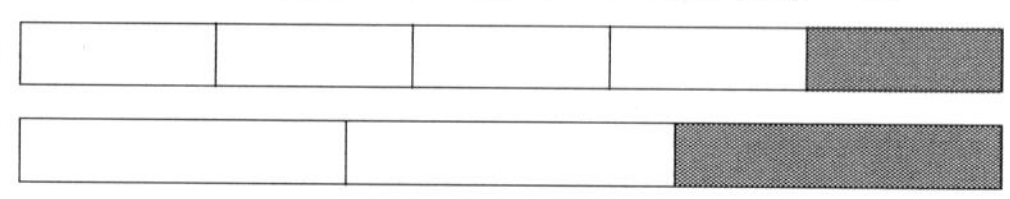

g) $\frac{1}{5}$ h) $\frac{1}{3}$

31 Zähler und Nenner

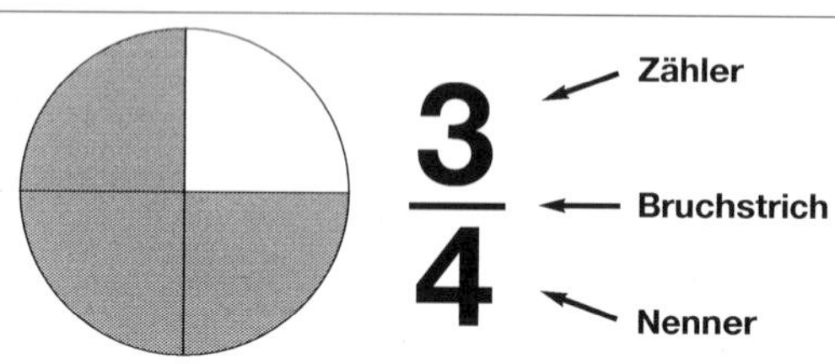

„Drei Viertel" bedeutet „3 Teile von 4 Teilen".

Der Zähler gibt an, wie viele Teile vom Ganzen genommen werden.
Der Nenner gibt an, in wie viele gleiche Teile das Ganze geteilt ist.

Bestimme Zähler und Nenner.

a)

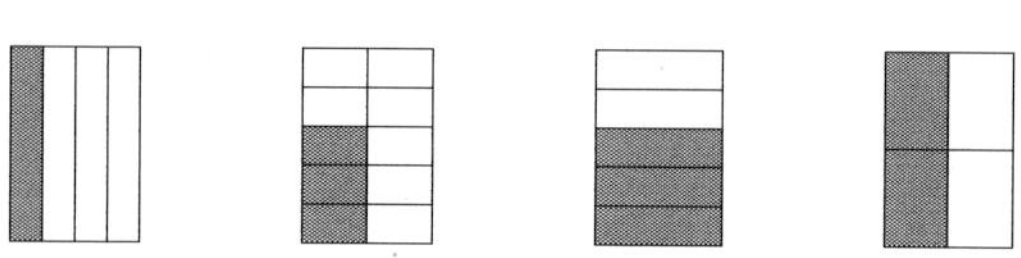

Zähler	Nenner
1	4
3	10
3	5
2	4

b)

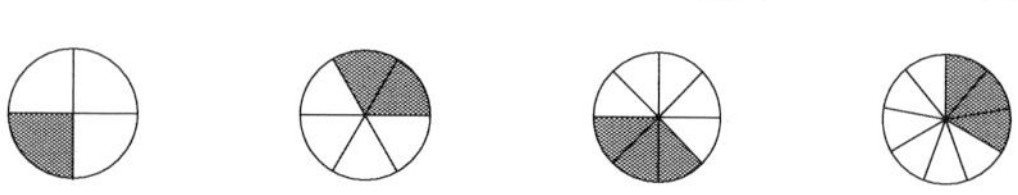

Zähler	Nenner
1	4
2	6
3	8
3	9

32 Benennungen – Übungen

❶ Beantworte die Fragen.

a) An welcher Stelle steht der Zähler? Über dem Bruchstrich.

b) Was gibt der Zähler an? Der Zähler gibt an, wie viele Teile vom Ganzen genommen werden.

c) Wo steht der Nenner? Unter dem Bruchstrich.

d) Was gibt der Nenner an? Der Nenner gibt an, in wie viele gleiche Teile das Ganze geteilt ist.

❷ Bestimme Zähler und Nenner.

a)

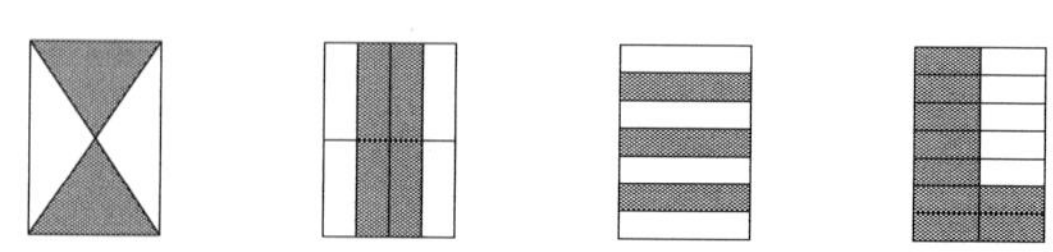

Zähler	Nenner
2	4
4	8
3	7
9	14

b)

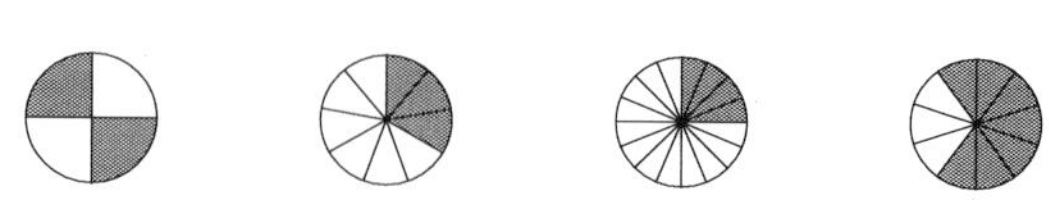

Zähler	Nenner
2	4
3	9
4	16
7	10

Lösungen

33 Anteile – Flaschen

Gib den Anteil der vollen Flaschen an.

a)  $\frac{3}{5}$

b)  $\frac{2}{4}$

c)  $\frac{5}{9}$

d)  $\frac{3}{9}$

e)  $\frac{2}{5}$

f)  $\frac{9}{10}$

g)  $\frac{2}{7}$

h)  $\frac{4}{10}$

i)  $\frac{3}{8}$

j)  $\frac{7}{10}$

k)  $\frac{3}{6}$

l)  $\frac{11}{11}$

34 Aufgaben aus dem Alltag 1

❶ Gib den Anteil der Äpfel mit Würmern an.

a)  $\frac{3}{4}$

b)  $\frac{5}{8}$

c)  $\frac{4}{9}$

d)  $\frac{2}{5}$

❷ Gib den Anteil der schwarzen Murmeln an.

a)  $\frac{3}{9}$

b)  $\frac{6}{15}$

c)  $\frac{9}{21}$

d)  $\frac{11}{16}$

❸ Gib den Anteil der geschlüpften Küken an.

a)  $\frac{3}{7}$

b)  $\frac{5}{7}$

35 Aufgaben aus dem Alltag 2

❶ Kai viertelt eine Pizza.
Sven bekommt ein Viertel der Pizza.
Steffen erhält eine Hälfte.

a) Zeichne ein.
b) Welcher Anteil der Pizza bleibt für Kai übrig?

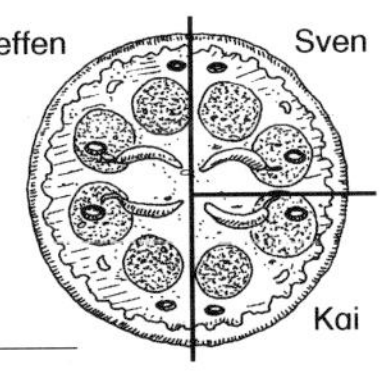

Kai bekommt ein Viertel der Pizza.

❷ Lars bekommt während seiner Ausbildung monatlich 300 €.
Zu Hause muss er $\frac{1}{6}$ davon abgeben. Wie viel muss er abgeben?
Rechnung:

300 € : 6 = 50 €

Antwort: Lars muss zu Hause monatlich 50 € abgeben.

❸ Wie viele Monate hat …

a) $\frac{1}{4}$ Jahr? 3 Monate.

b) $\frac{1}{2}$ Jahr? 6 Monate.

c) $\frac{3}{4}$ Jahr? 9 Monate.

Ein Jahr

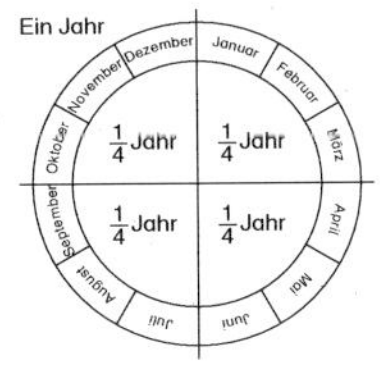

❹ Überlege dir eine Aufgabe mit Anteilen.

Aufgabe:

Zeichnung/Rechnung:

36 Schüttversuche

Du brauchst:
– Gefäß mit 1 Liter Wasser
– Lebensmittelfarbe
– 4 gleich große Gläser (durchsichtig)

Färbe mit der Lebensmittelfarbe das Wasser.

❶ Fülle einen halben Liter Wasser ab. (Ohne Messbecher!)
Beschreibe die Arbeitsschritte.

1. Nimm das Gefäß mit dem Liter Wasser.
2. Verteile den Liter gleichmäßig auf die vier Gläser.
3. Nimm zwei der vier Gläser.
4. Gieße die beiden Gläser in das große Gefäß.

❷ Fülle einen dreiviertel Liter Wasser ab. (Ohne Messbecher!)
Beschreibe die Arbeitsschritte.
Schneide dazu die Kärtchen unten aus.
Klebe sie in der richtigen Reihenfolge hier auf.

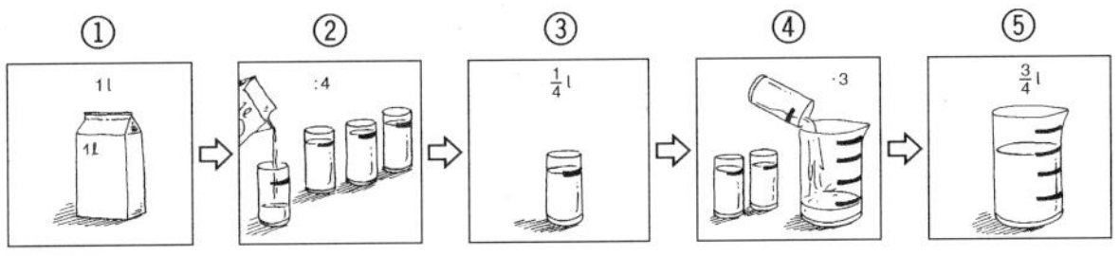

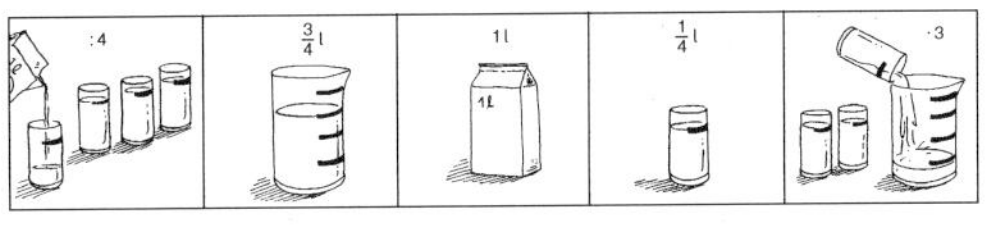

Lösungen

37 Bruchteile herstellen – Streifen

Die Zahl über dem Strich gibt an, wie viele Teile gemeint sind.

✂ Schneide aus: 8 Streifen — Schneidevorlage 4

Schneide von den Streifen die angegebenen Anteile ab. Klebe sie hier auf.

a) $\frac{4}{4}$
b) $\frac{1}{4}$
c) $\frac{1}{2}$
d) $\frac{3}{4}$
e) $\frac{2}{4}$
f) $\frac{8}{8}$
g) $\frac{3}{8}$
h) $\frac{5}{8}$
i) $\frac{7}{8}$
j) $\frac{1}{8}$

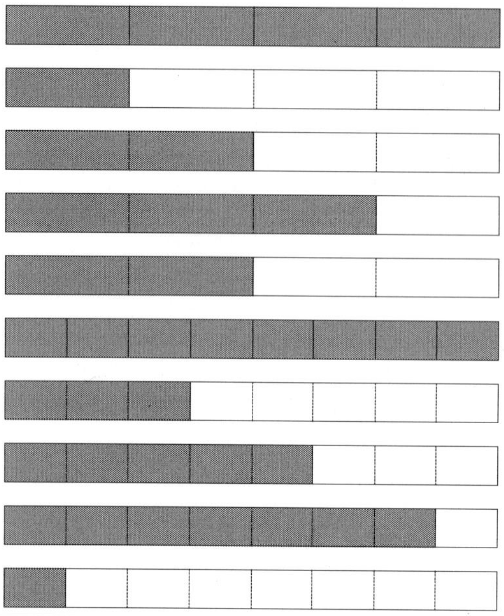

42

38 Bruchteile herstellen – Vierecke

Die Zahl über dem Strich gibt an, wie viele Teile gemeint sind.

✂ Schneide aus: 4 Quadrate — Schneidevorlage 2

Falte die angegebenen Bruchteile.
Schneide die Teile aus und klebe sie hier auf.

a)
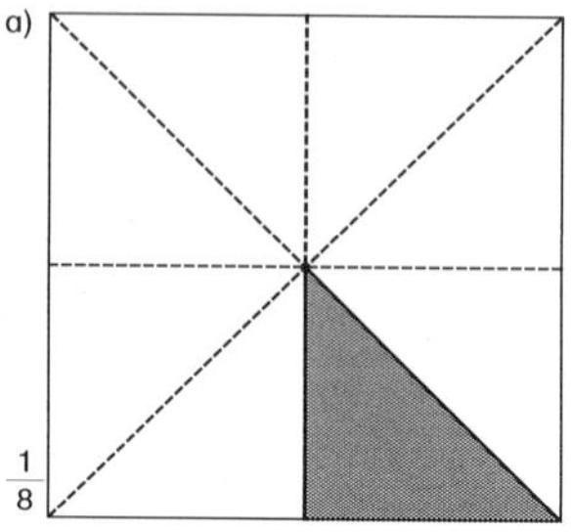
$\frac{1}{8}$

b)
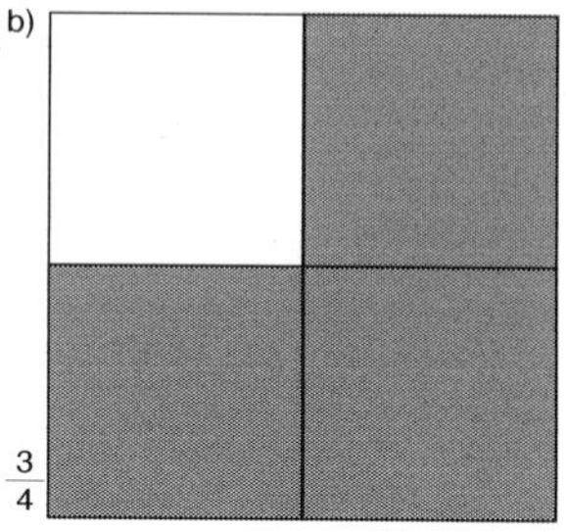
$\frac{3}{4}$

c)
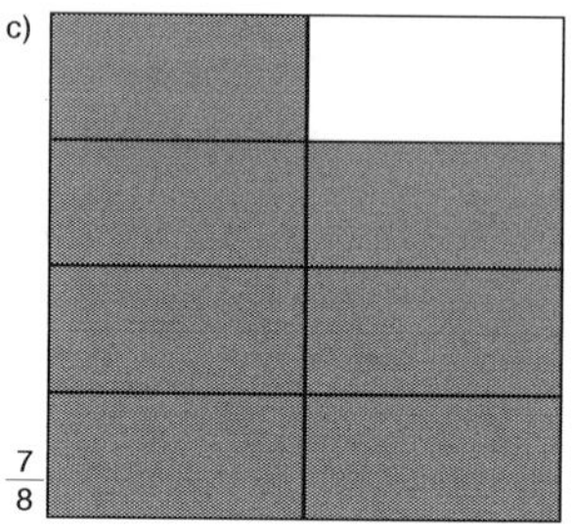
$\frac{7}{8}$

d)
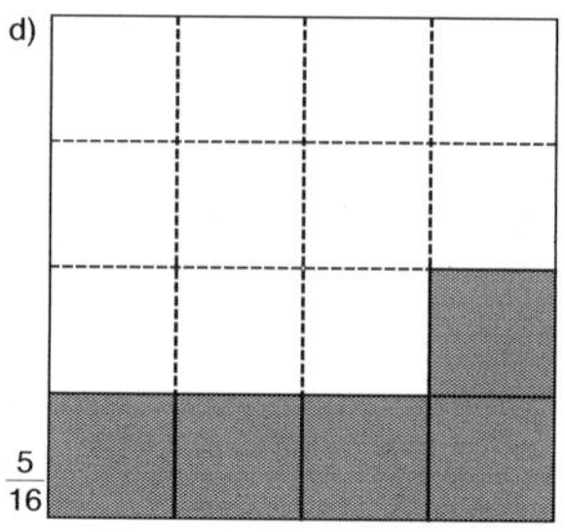
$\frac{5}{16}$

43

39 Bruchteile herstellen – Kreise

Die Zahl über dem Strich gibt an, wie viele Teile gemeint sind.

✂ Schneide aus: 4 Kreise — Schneidevorlage 1

Falte die angegebenen Bruchteile.
Schneide die Teile aus und klebe sie hier auf.

a)
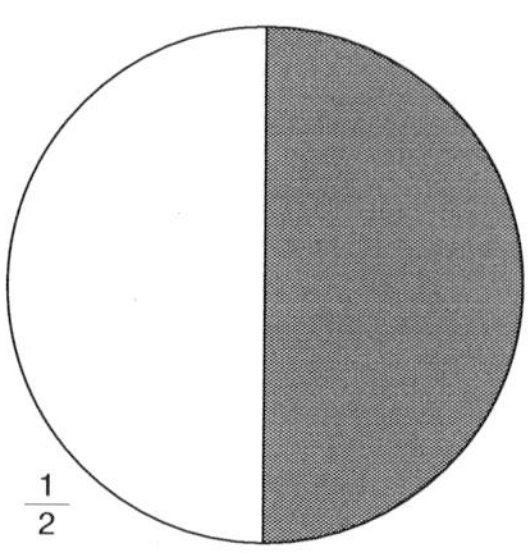
$\frac{1}{2}$

b)
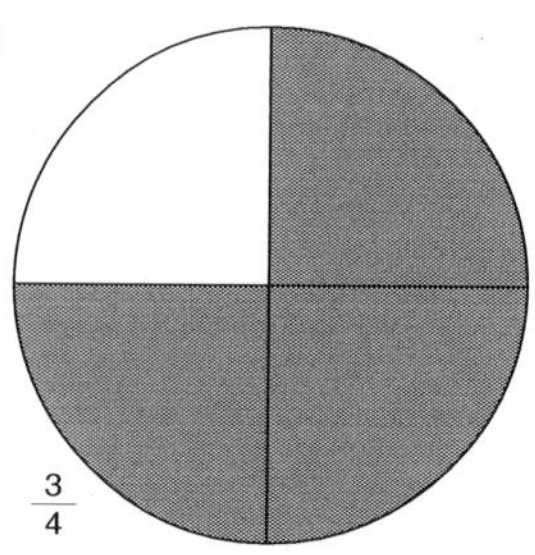
$\frac{3}{4}$

c)
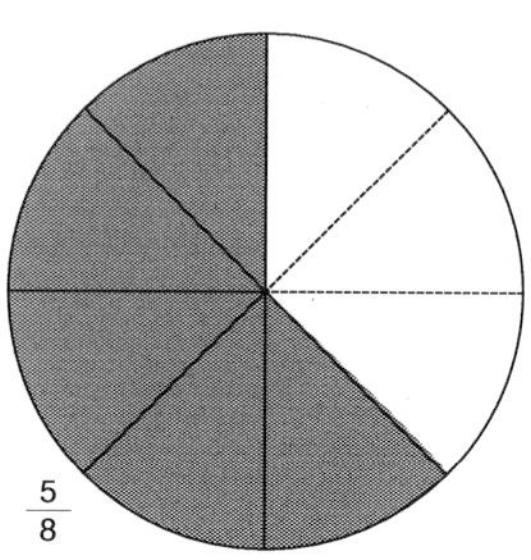
$\frac{5}{8}$

d)
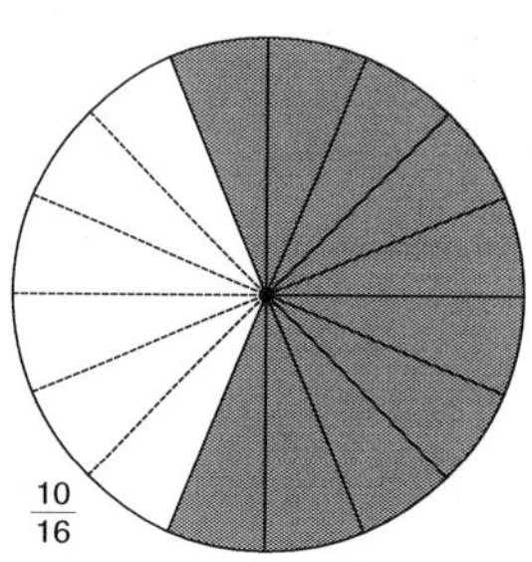
$\frac{10}{16}$

44

40 Bruchteile benennen – Vierecke

Schreibe als Bruchzahlen.

a)
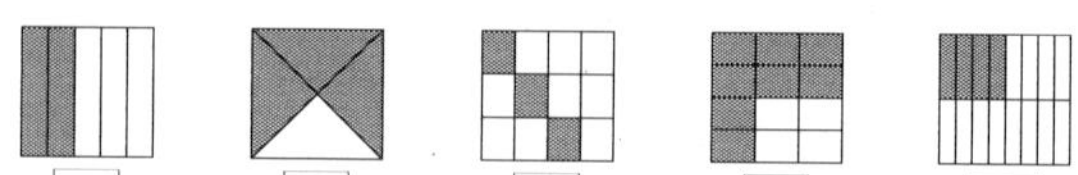
$\frac{2}{5}$, $\frac{3}{4}$, $\frac{3}{12}$, $\frac{8}{12}$, $\frac{4}{16}$

b)
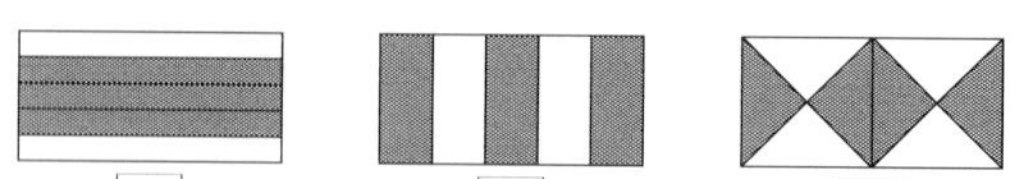
$\frac{3}{5}$, $\frac{3}{5}$, $\frac{4}{8}$

c)

$\frac{5}{10}$, $\frac{4}{4}$, $\frac{14}{30}$

d)
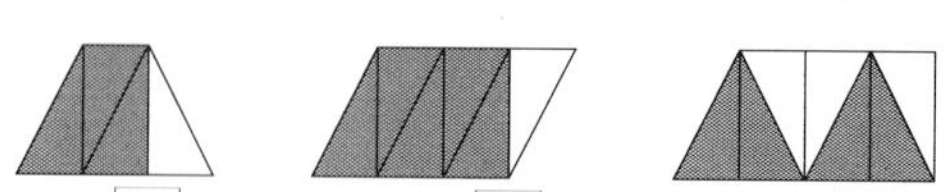
$\frac{3}{4}$, $\frac{5}{6}$, $\frac{4}{7}$

e)
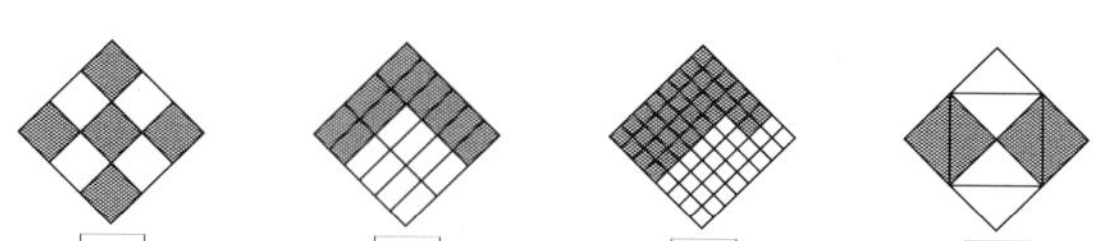
$\frac{5}{9}$, $\frac{10}{18}$, $\frac{36}{64}$, $\frac{4}{8}$

45

Lösungen

41 Bruchteile benennen – Kreise

Schreibe als Bruchzahlen.

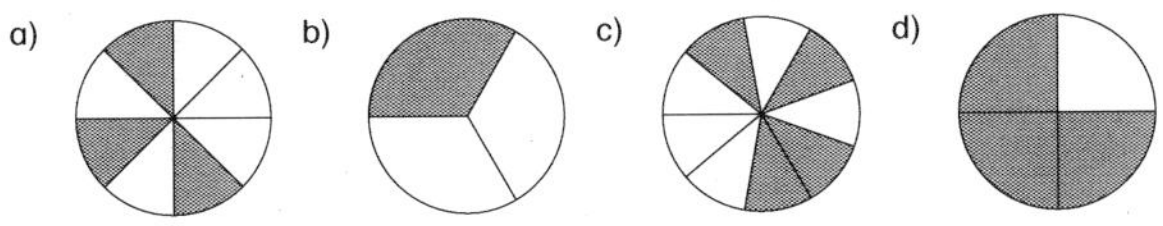

a) $\frac{3}{8}$ b) $\frac{1}{3}$ c) $\frac{4}{9}$ d) $\frac{3}{4}$

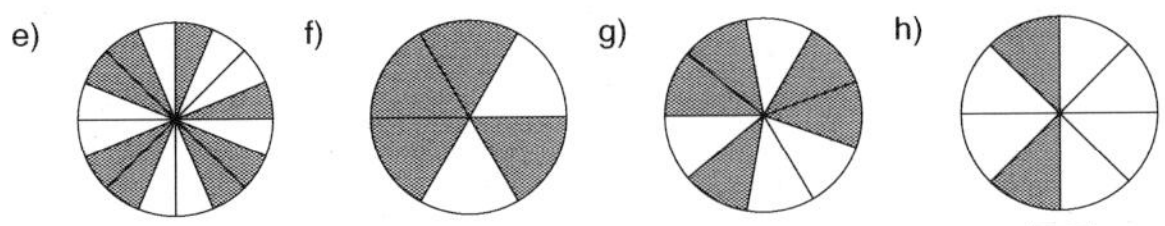

e) $\frac{8}{16}$ f) $\frac{4}{6}$ g) $\frac{5}{9}$ h) $\frac{2}{8}$

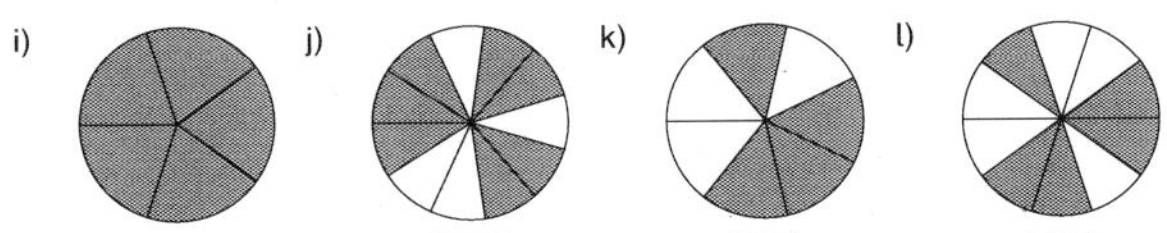

i) $\frac{5}{5}$ j) $\frac{7}{11}$ k) $\frac{4}{7}$ l) $\frac{5}{10}$

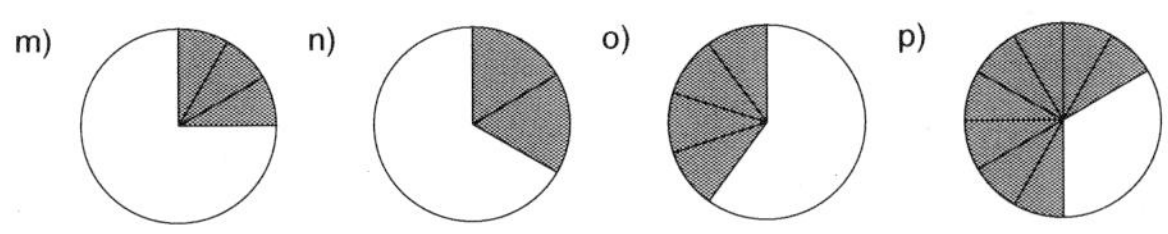

m) $\frac{3}{12}$ n) $\frac{2}{6}$ o) $\frac{4}{10}$ p) $\frac{8}{12}$

42 Bruchteile benennen – Figuren

Schreibe als Bruchzahlen.

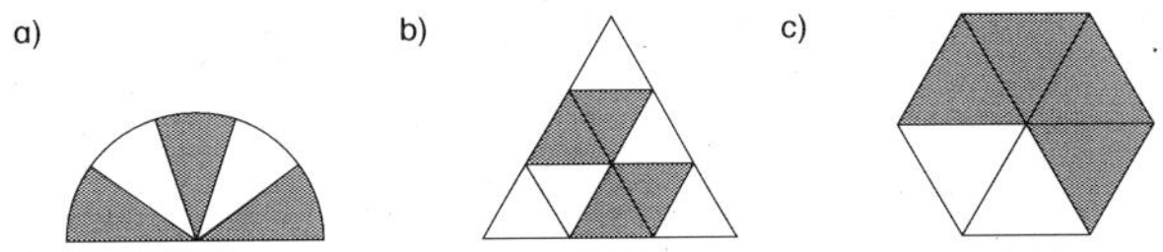

a) $\frac{3}{5}$ b) $\frac{4}{9}$ c) $\frac{4}{6}$

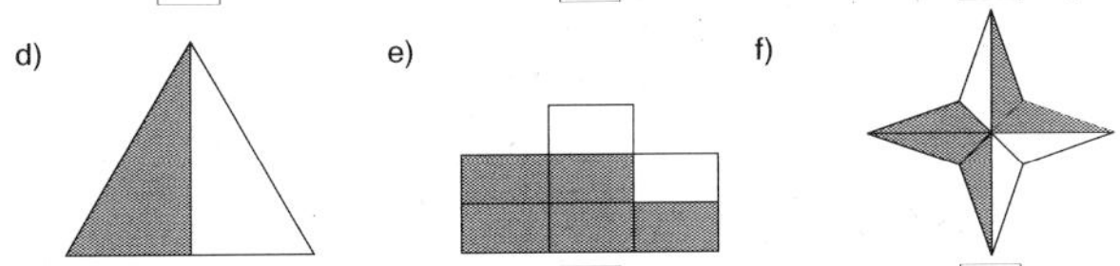

d) $\frac{1}{2}$ e) $\frac{5}{7}$ f) $\frac{5}{8}$

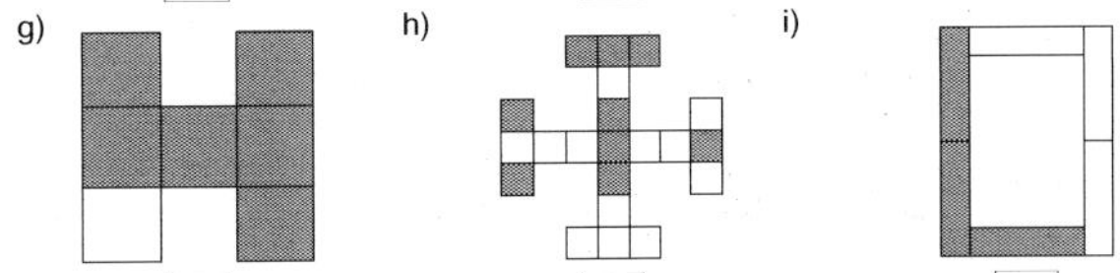

g) $\frac{6}{7}$ h) $\frac{9}{21}$ i) $\frac{3}{6}$

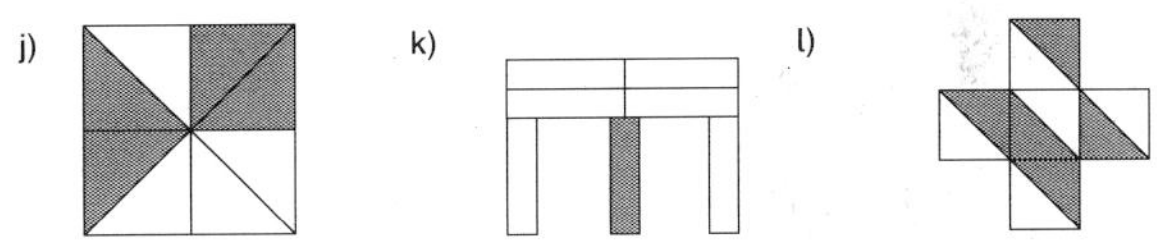

j) $\frac{4}{8}$ k) $\frac{1}{7}$ l) $\frac{5}{10}$

43 Bruchteile anmalen – Vierecke

Male die angegebenen Bruchteile an. Ergänze den Nenner.

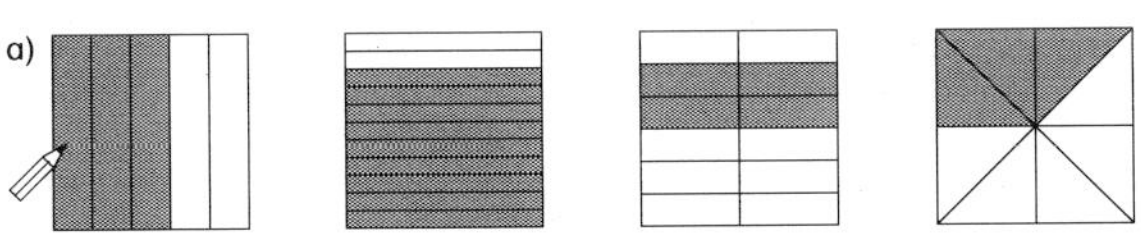

a) $\frac{3}{5}$ $\frac{9}{11}$ $\frac{4}{12}$ $\frac{3}{8}$

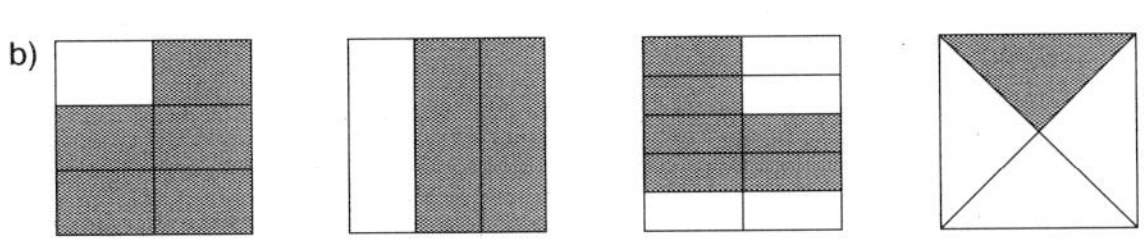

b) $\frac{5}{6}$ $\frac{2}{3}$ $\frac{6}{10}$ $\frac{1}{4}$

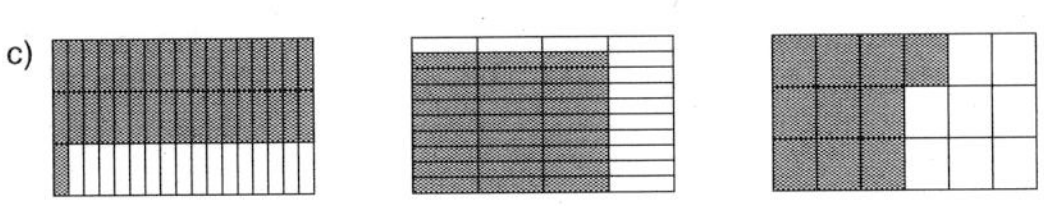

c) $\frac{35}{51}$ $\frac{27}{40}$ $\frac{10}{18}$

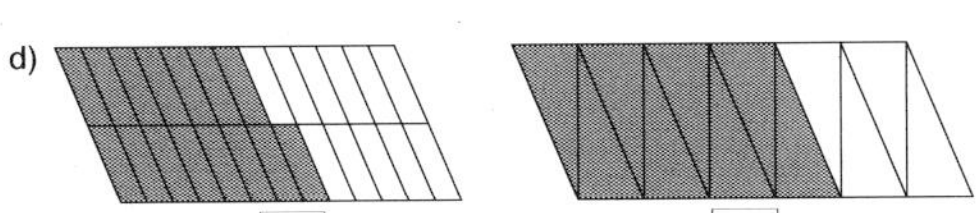

d) $\frac{15}{26}$ $\frac{8}{12}$

44 Bruchteile anmalen – Kreise

❶ Male die angegebenen Bruchteile an. Finde verschiedene Möglichkeiten.

a) $\frac{4}{8}$

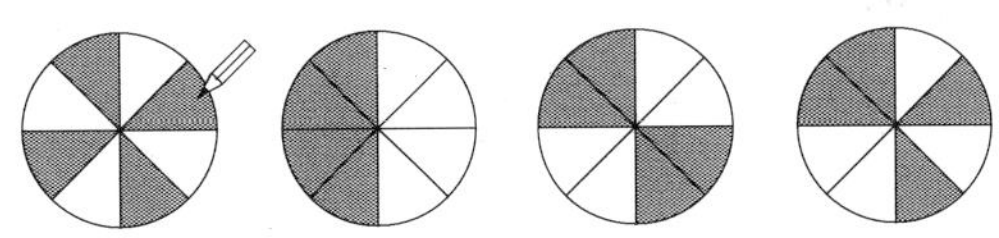

b) $\frac{5}{12}$

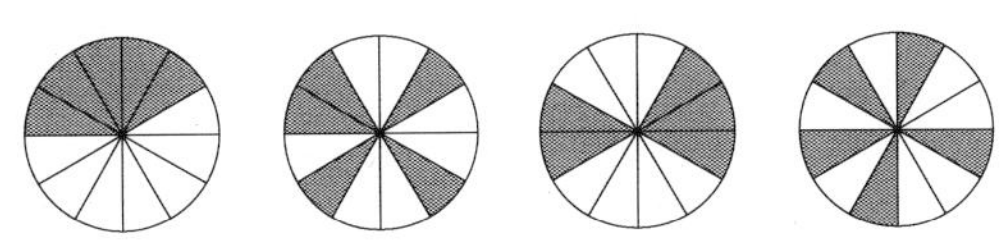

❷ Male die angegebenen Bruchteile an. Ergänze den Nenner.

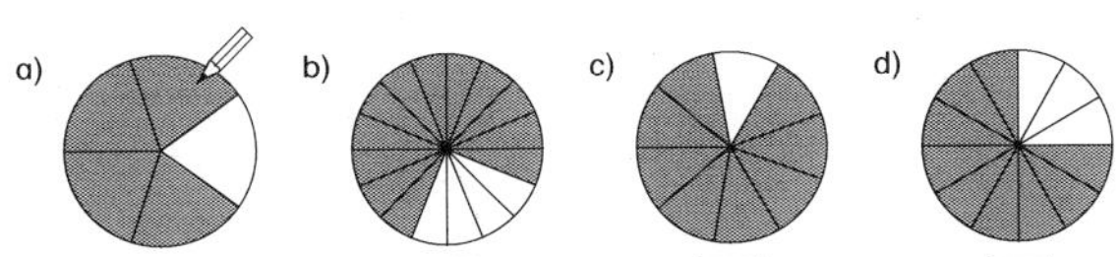

a) $\frac{4}{5}$ b) $\frac{12}{16}$ c) $\frac{8}{9}$ d) $\frac{9}{12}$

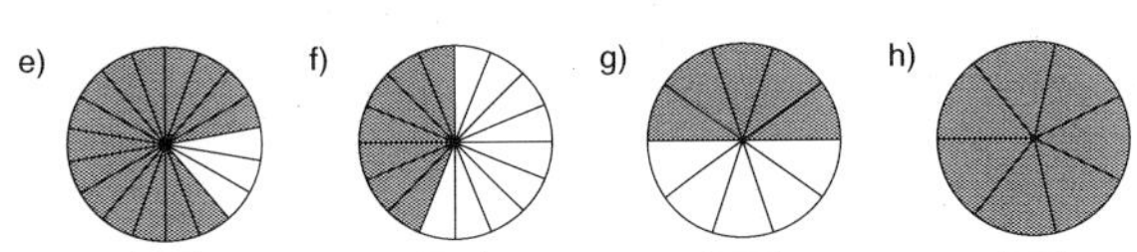

e) $\frac{15}{18}$ f) $\frac{7}{16}$ g) $\frac{5}{10}$ h) $\frac{7}{7}$

Lösungen

45 Bruchteile anmalen – Figuren

❶ Male die angegebenen Bruchteile an.

a) $\frac{2}{2}$
b) $\frac{1}{4}$
c) $\frac{3}{4}$
d) $\frac{4}{5}$
e) $\frac{2}{5}$
f) $\frac{7}{8}$
g) $\frac{3}{8}$
h) $\frac{7}{10}$
i) $\frac{2}{10}$
j) $\frac{14}{16}$
k) $\frac{10}{16}$

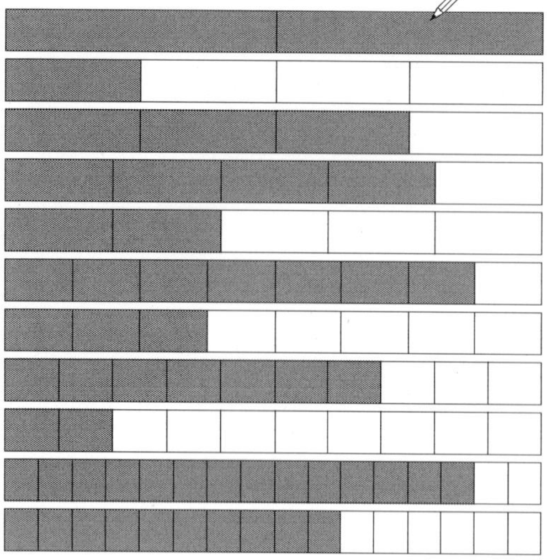

❷ Male die angegebenen Bruchteile an. Ergänze den Nenner.

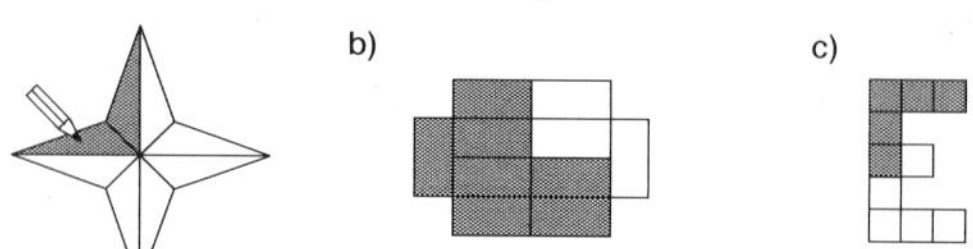

a) $\frac{2}{8}$ b) $\frac{7}{10}$ c) $\frac{5}{10}$

46 Bruchteile benennen und anmalen – Vierecke

Was fehlt?
Ergänze die Bruchzahlen. Male die angegebenen Bruchteile an.

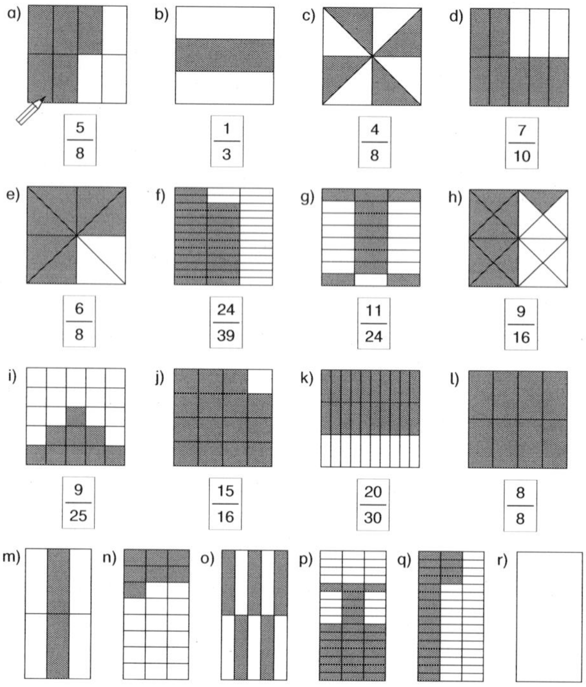

a) $\frac{5}{8}$ b) $\frac{1}{3}$ c) $\frac{4}{8}$ d) $\frac{7}{10}$
e) $\frac{6}{8}$ f) $\frac{24}{39}$ g) $\frac{11}{24}$ h) $\frac{9}{16}$
i) $\frac{9}{25}$ j) $\frac{15}{16}$ k) $\frac{20}{30}$ l) $\frac{8}{8}$
m) $\frac{2}{6}$ n) $\frac{7}{24}$ o) $\frac{5}{10}$ p) $\frac{28}{48}$ q) $\frac{20}{48}$ r) —

47 Bruchteile benennen und anmalen – Kreise

Was fehlt?
Ergänze die Bruchzahlen. Male die angegebenen Bruchteile an.

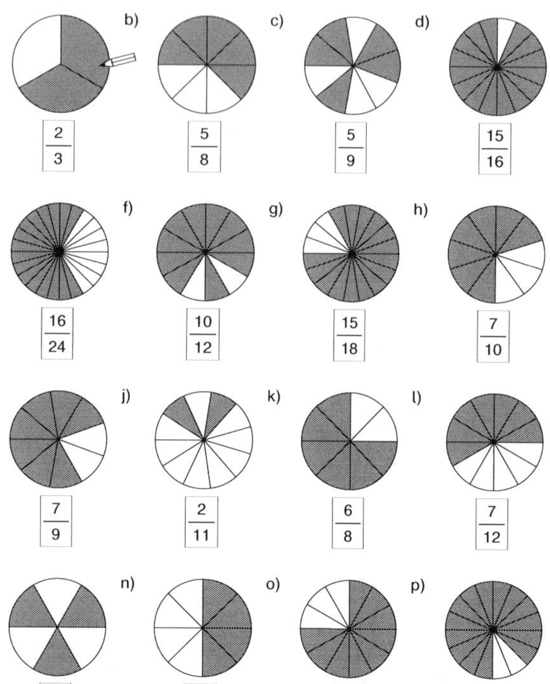

a) $\frac{2}{3}$ b) $\frac{5}{8}$ c) $\frac{5}{9}$ d) $\frac{15}{16}$
e) $\frac{16}{24}$ f) $\frac{10}{12}$ g) $\frac{15}{18}$ h) $\frac{7}{10}$
i) $\frac{7}{9}$ j) $\frac{2}{11}$ k) $\frac{6}{8}$ l) $\frac{7}{12}$
m) $\frac{3}{6}$ n) $\frac{4}{8}$ o) $\frac{9}{12}$ p) $\frac{14}{16}$

48 Bruchteile von Quadraten

Teile die Quadrate in die Bruchteile auf.
Male die angegebenen Anteile an.

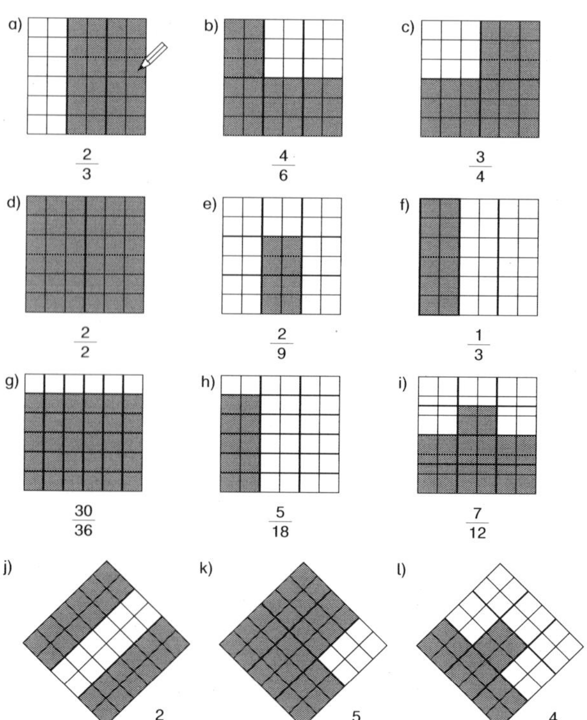

a) $\frac{2}{3}$ b) $\frac{4}{6}$ c) $\frac{3}{4}$
d) $\frac{2}{2}$ e) $\frac{2}{9}$ f) $\frac{1}{3}$
g) $\frac{30}{36}$ h) $\frac{5}{18}$ i) $\frac{7}{12}$
j) $\frac{2}{3}$ k) $\frac{5}{6}$ l) $\frac{4}{9}$

Lösungen

49 Bruchteile von Rechtecken

Teile die Rechtecke in die Bruchteile auf.
Male die angegebenen Bruchteile an.

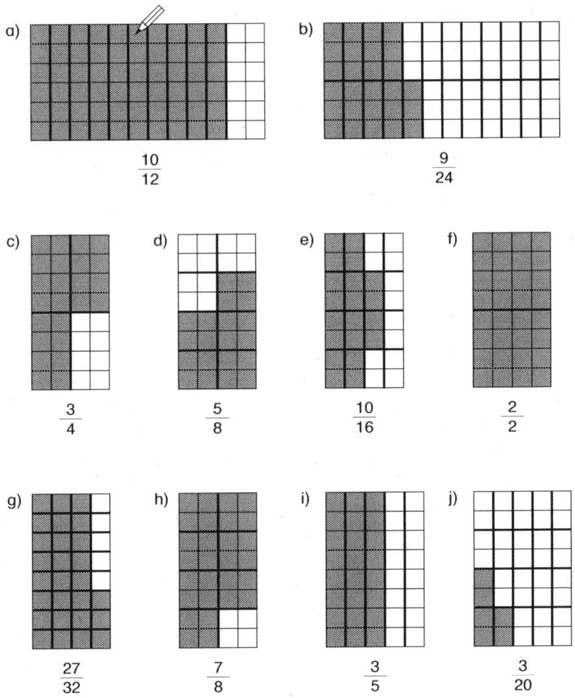

50 Bruchteile von Figuren

Teile die Figuren in die Bruchteile auf.
Male die angegebenen Bruchteile an.

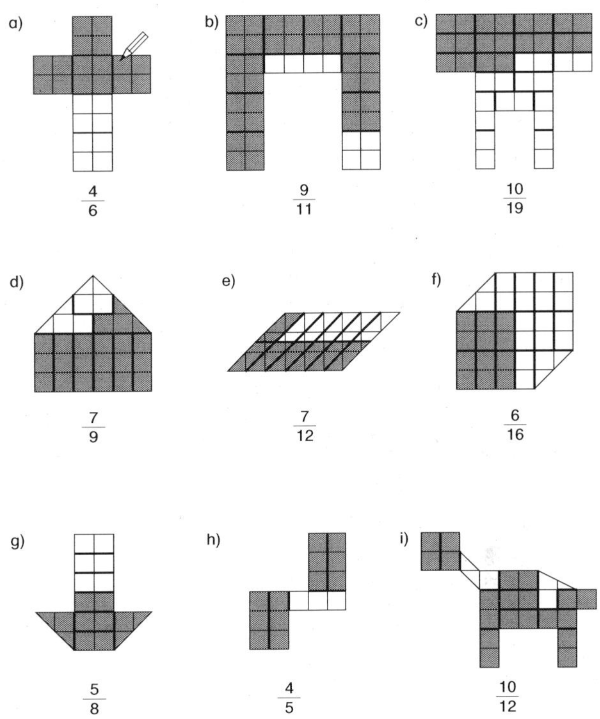

52 Unechte Brüche

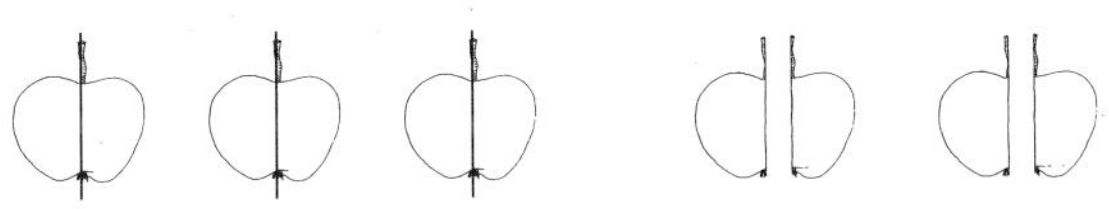

3 Ganze = 6 Halbe = $\frac{6}{2}$ 4 Halbe = $\frac{4}{2}$ = 2 Ganze

Auch mehrere Ganze können in Bruchschreibweise angegeben werden.
Der Zähler ist dann größer als der Nenner.
Man nennt diese Bruchzahlen auch unechte Brüche.

❶ Kreuze unechte Brüche an.

a) ⊠ $\frac{6}{5}$ ⊠ $\frac{3}{2}$ ○ $\frac{4}{8}$

b) ○ $\frac{1}{2}$ ⊠ $\frac{12}{6}$ ⊠ $\frac{7}{5}$

c) ○ $\frac{1}{3}$ ⊠ $\frac{3}{1}$ ○ $\frac{2}{5}$

d) ⊠ $\frac{10}{8}$ ○ $\frac{8}{10}$ ○ $\frac{5}{12}$

e) ⊠ $\frac{100}{50}$ ○ $\frac{3}{27}$ ⊠ $\frac{28}{27}$

❷ Wandle die ganzen Zahlen in Bruchzahlen um.

a) 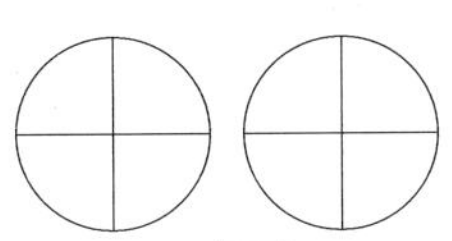

2 Torten = $\frac{8}{4}$ Stücke

b) 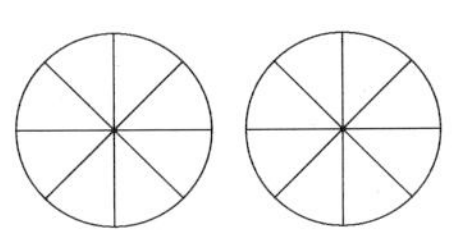

2 Torten = $\frac{16}{8}$ Stücke

c) 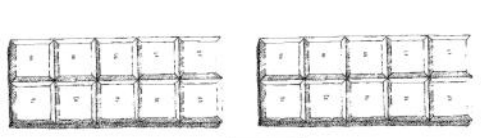

2 Tafeln = $\frac{20}{10}$ Stücke

d) 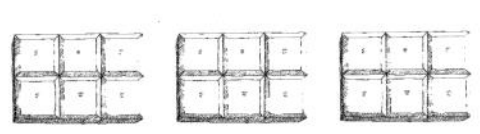

3 Tafeln = $\frac{18}{6}$ Stücke

53 Bruchteile benennen

Unechte Brüche können auch als gemischte Zahlen geschrieben werden:
$\frac{3}{2} = 1\frac{1}{2}$

Schreibe als gemischte Zahlen und als Bruchzahlen.

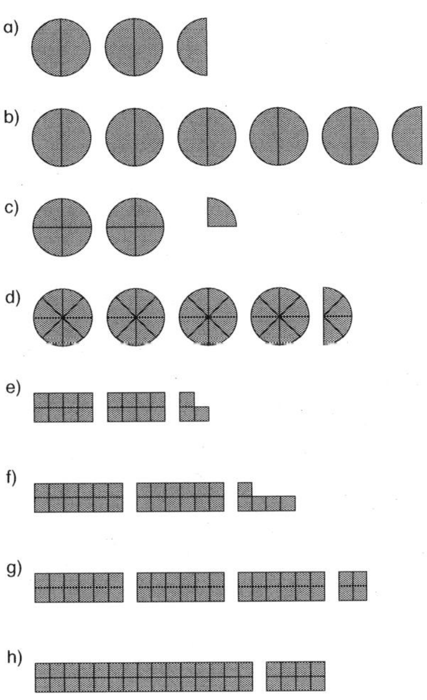

a) $2\frac{1}{2} = \frac{5}{2}$

b) $5\frac{1}{2} = \frac{11}{2}$

c) $2\frac{1}{4} = \frac{9}{4}$

d) $4\frac{4}{8} = \frac{36}{8}$

e) $2\frac{3}{8} = \frac{19}{8}$

f) $2\frac{5}{12} = \frac{29}{12}$

g) $3\frac{4}{12} = \frac{40}{12}$

h) $1\frac{8}{30} = \frac{38}{30}$

Lösungen

54 Bruchteile umwandeln 1

❶ Schreibe als gemischte Zahlen und als Bruchzahlen.

a)

$4\frac{1}{4} = \frac{17}{4}$

b)

$5\frac{3}{4} = \frac{23}{4}$

❷ Male die angegebenen Bruchteile an.
Schreibe als gemischte Zahlen.

a)

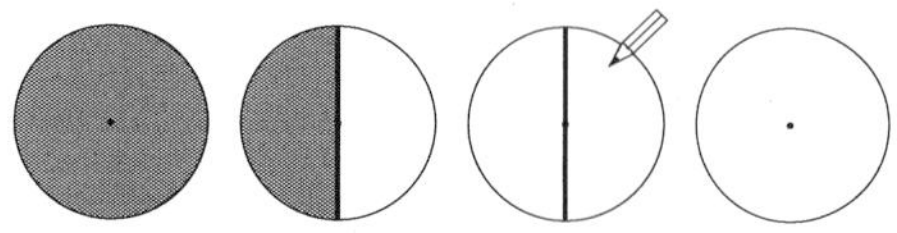

$\frac{3}{2} = 1\frac{1}{2}$

b)

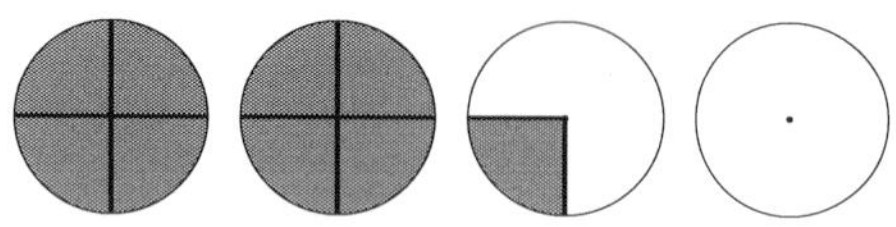

$\frac{9}{4} = 2\frac{1}{4}$

c)

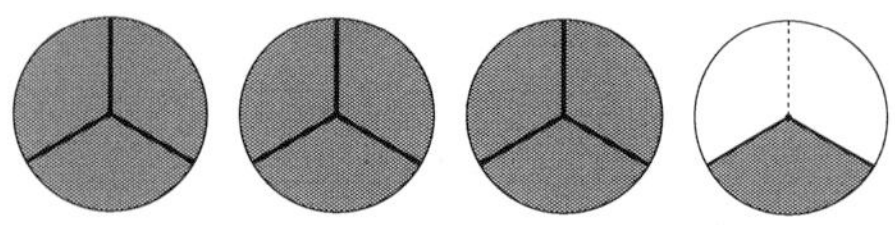

$\frac{10}{3} = 3\frac{1}{3}$

55 Bruchteile umwandeln 2

❶ Male die angegebenen Bruchteile an.
Schreibe als Bruchzahlen.

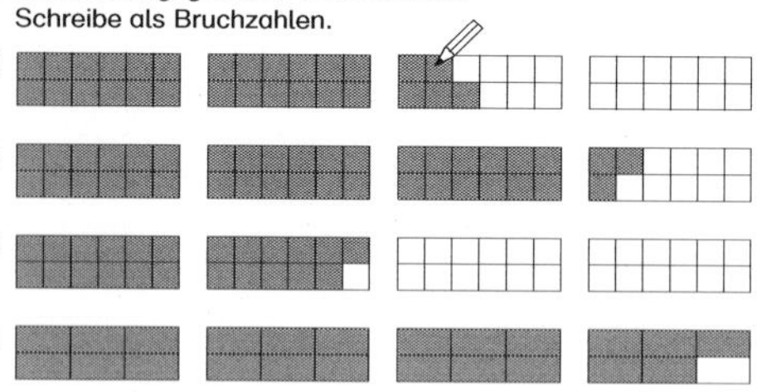

a) $2\frac{5}{12} = \frac{29}{12}$

b) $3\frac{3}{12} = \frac{39}{12}$

c) $1\frac{11}{12} = \frac{23}{12}$

d) $3\frac{5}{6} = \frac{23}{6}$

❷ Schreibe als Bruchzahlen.

a) $1\frac{1}{3} = \frac{4}{3}$ b) $2\frac{2}{3} = \frac{8}{3}$ c) $5\frac{1}{4} = \frac{21}{4}$ d) $1\frac{1}{10} = \frac{11}{10}$

e) $7\frac{1}{5} = \frac{36}{5}$ f) $3\frac{5}{6} = \frac{23}{6}$ g) $2\frac{2}{6} = \frac{14}{6}$ h) $8\frac{2}{3} = \frac{26}{3}$

i) $2\frac{2}{12} = \frac{26}{12}$ j) $8\frac{7}{8} = \frac{71}{8}$ k) $10\frac{5}{9} = \frac{95}{9}$ l) $4\frac{4}{7} = \frac{32}{7}$

❸ Schreibe als gemischte Zahlen.

a) $\frac{7}{3} = 2\frac{1}{3}$ b) $\frac{8}{6} = 1\frac{2}{6}$ c) $\frac{11}{2} = 5\frac{1}{2}$ d) $\frac{10}{3} = 3\frac{1}{3}$

e) $\frac{9}{4} = 2\frac{1}{4}$ f) $\frac{32}{6} = 5\frac{2}{6}$ g) $\frac{27}{2} = 13\frac{1}{2}$ h) $\frac{15}{4} = 3\frac{3}{4}$

i) $\frac{11}{5} = 2\frac{1}{5}$ j) $\frac{7}{2} = 3\frac{1}{2}$ k) $\frac{49}{8} = 6\frac{1}{8}$ l) $\frac{64}{7} = 9\frac{1}{7}$

56 Bruchteile vergleichen – Vierecke

❶ Teile die Figuren auf.
Male die angegebenen Bruchteile an.
Sind die Bruchteile größer (>), kleiner (<) oder gleich (=)?

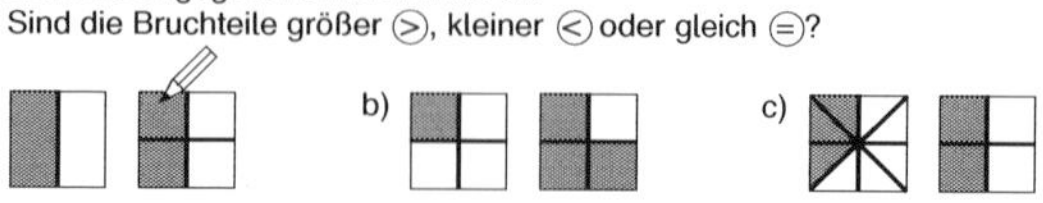

a) $\frac{1}{2} = \frac{2}{4}$ b) $\frac{1}{4} < \frac{3}{4}$ c) $\frac{3}{8} < \frac{2}{4}$

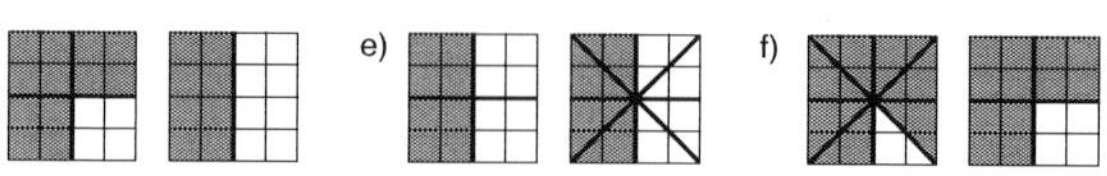

d) $\frac{3}{4} > \frac{1}{2}$ e) $\frac{2}{4} = \frac{4}{8}$ f) $\frac{7}{8} > \frac{3}{4}$

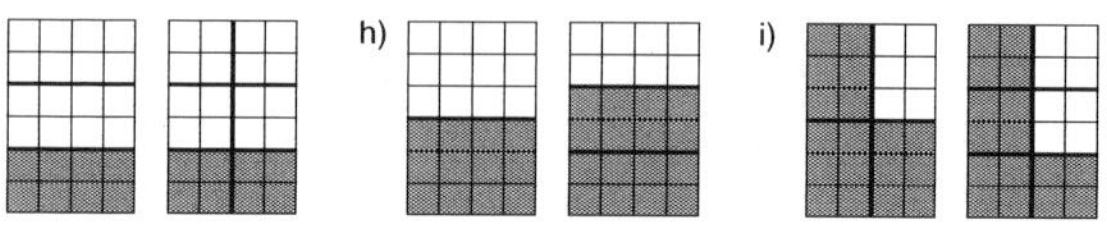

g) $\frac{1}{3} = \frac{2}{6}$ h) $\frac{1}{2} < \frac{2}{3}$ i) $\frac{3}{4} > \frac{4}{6}$

❷ Finde Bruchzahlen, die gleich groß sind.
Male dann entsprechend die Quadrate an.
Schreibe die Bruchzahlen.

a) $\frac{\ }{\ } = \frac{\ }{\ }$ b) $\frac{\ }{\ } = \frac{\ }{\ }$ c) $\frac{\ }{\ } = \frac{\ }{\ }$

57 Bruchteile vergleichen – Kreise

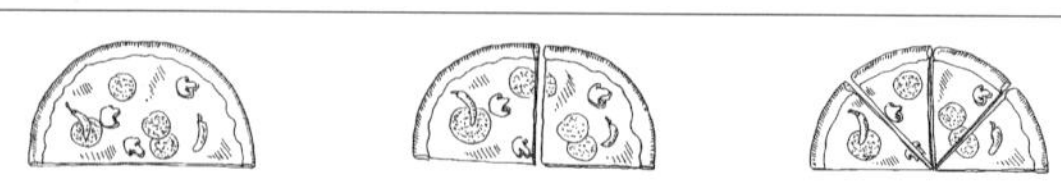

$\frac{1}{2} = \frac{2}{4} = \frac{4}{8}$

Male die angegebenen Bruchteile an.
Sind die Bruchteile größer (>), kleiner (<) oder gleich (=)?

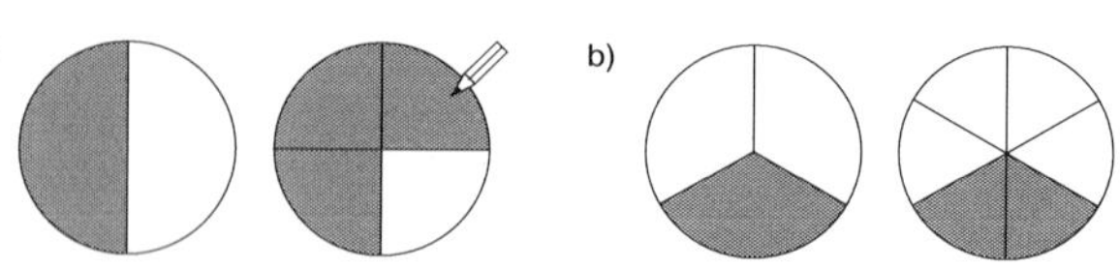

a) $\frac{1}{2} < \frac{3}{4}$ b) $\frac{1}{3} = \frac{2}{6}$

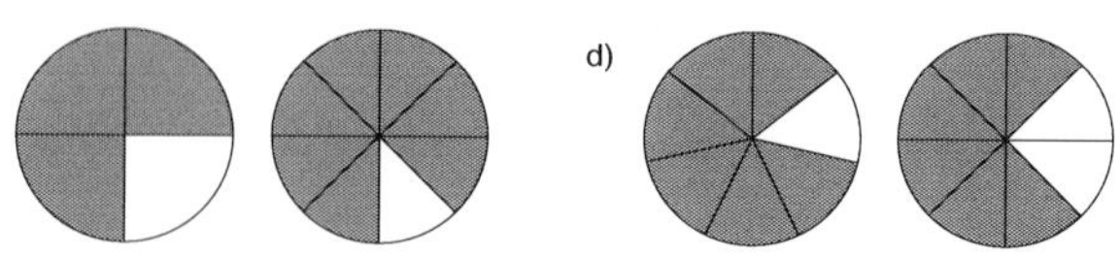

c) $\frac{3}{4} < \frac{7}{8}$ d) $\frac{6}{7} > \frac{6}{8}$

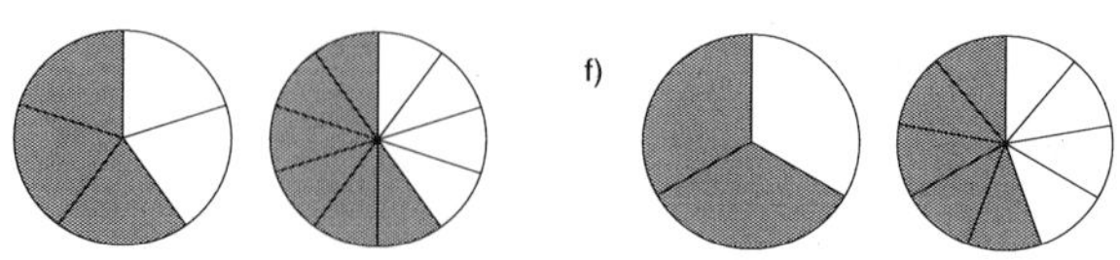

e) $\frac{3}{5} = \frac{6}{10}$ f) $\frac{2}{3} > \frac{5}{9}$

Lösungen

(58) Bruchteile vergleichen 1

❶ Male die angegebenen Bruchteile an.
Kreise die größte Bruchzahl ein.

a)

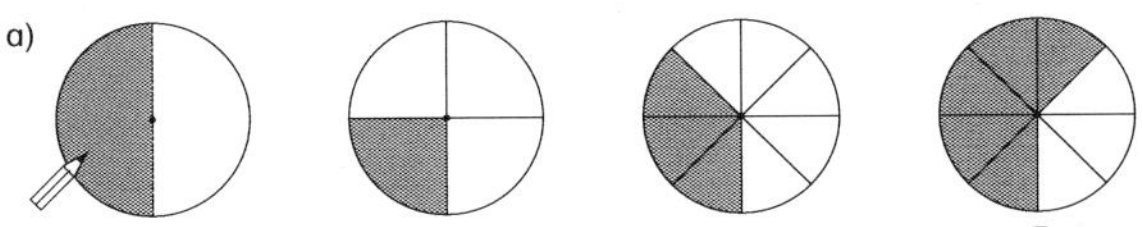

$\frac{1}{2}$ $\frac{1}{4}$ $\frac{3}{8}$ ($\frac{5}{8}$)

b)

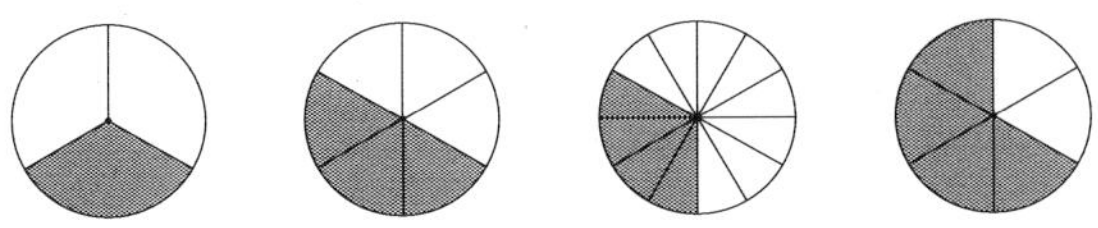

$\frac{1}{3}$ $\frac{3}{6}$ $\frac{4}{12}$ ($\frac{4}{6}$)

❷ Mark behauptet:
„Wenn ich $\frac{5}{8}$ von meinem Pfannkuchen esse,
habe ich mehr als die Hälfte gegessen."
Stimmt das? ☒ ja ○ nein

Begründe. (Tipp: Zeichne!)

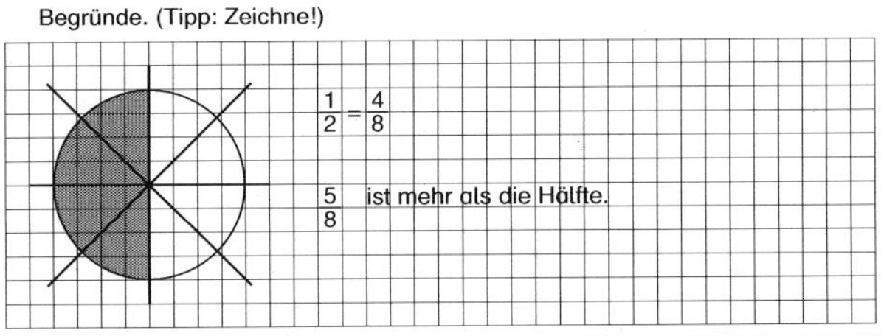

(59) Bruchteile vergleichen 2

❶ Ordne die Brüche nach ihrer Größe. Beginne mit dem kleinsten Bruch.

a) $\frac{1}{10}$, $\frac{1}{4}$, $\frac{1}{3}$, $\frac{1}{7}$, $\frac{1}{8}$, $\frac{1}{2}$, $\frac{1}{9}$, $\frac{1}{6}$

$\frac{1}{10}$ $\frac{1}{9}$ $\frac{1}{8}$ $\frac{1}{7}$ $\frac{1}{6}$ $\frac{1}{4}$ $\frac{1}{3}$ $\frac{1}{2}$

b) $\frac{3}{8}$, $\frac{7}{8}$, $\frac{6}{8}$, $\frac{1}{8}$, $\frac{5}{8}$, $\frac{8}{8}$, $\frac{2}{8}$, $\frac{4}{8}$

$\frac{1}{8}$ $\frac{2}{8}$ $\frac{3}{8}$ $\frac{4}{8}$ $\frac{5}{8}$ $\frac{6}{8}$ $\frac{7}{8}$ $\frac{8}{8}$

❷ Wer hat mehr Schokolade gegessen? Zeichne.

a) Paul: $2\frac{2}{3}$ Tafeln, Uwe: $2\frac{3}{4}$ Tafeln

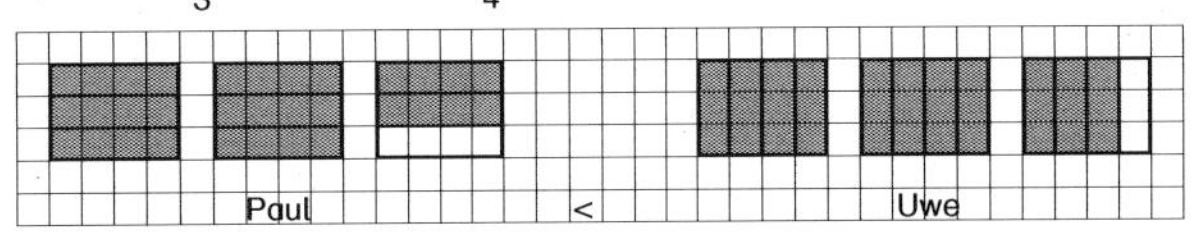

Uwe hat mehr gegessen.

b) Ida: $1\frac{4}{10}$ Tafeln, Anna: $1\frac{3}{5}$ Tafeln

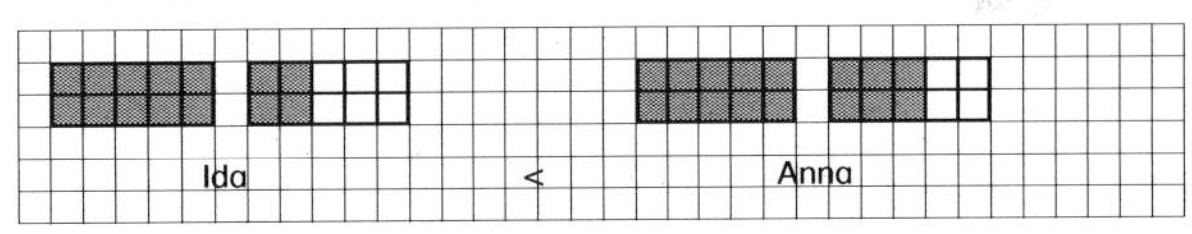

Anna hat mehr gegessen.

(60) Lernkontrolle 1

Name: Klasse: Datum:

❶ Viertle die Quadrate durch Linien. Finde drei verschiedene Möglichkeiten.
Male jeweils ein Viertel an.

a) b) c)

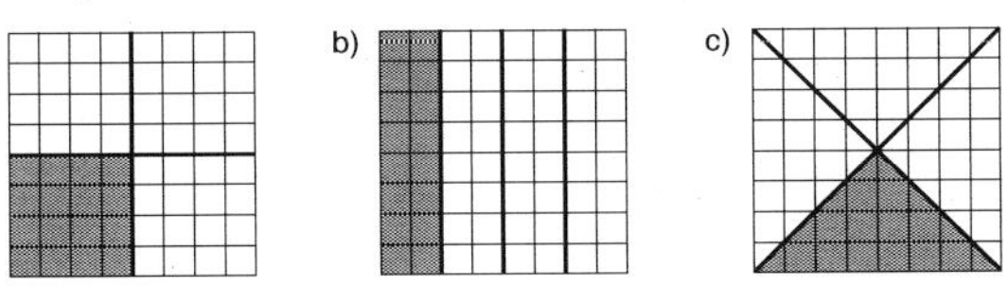

❷ Achtle die Lebensmittel durch Linien.

a) b) c)

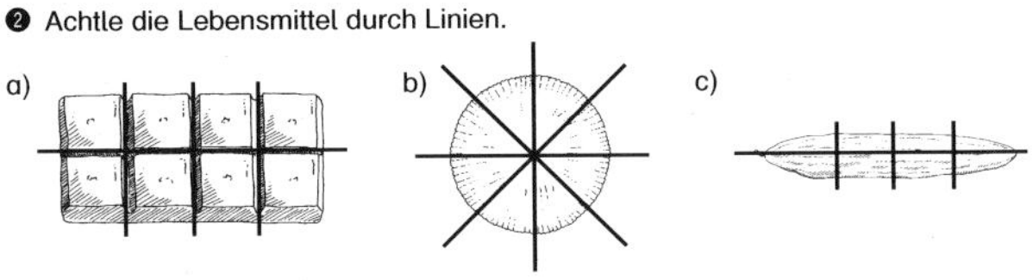

❸ Benenne den gefärbten Bruchteil.

a)

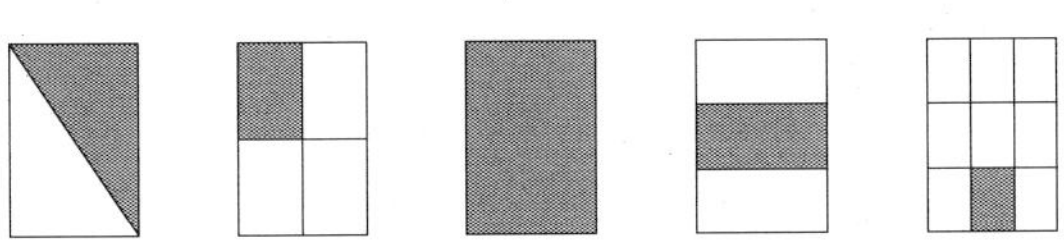

Halbes Viertel Ganzes Drittel Neuntel

b)

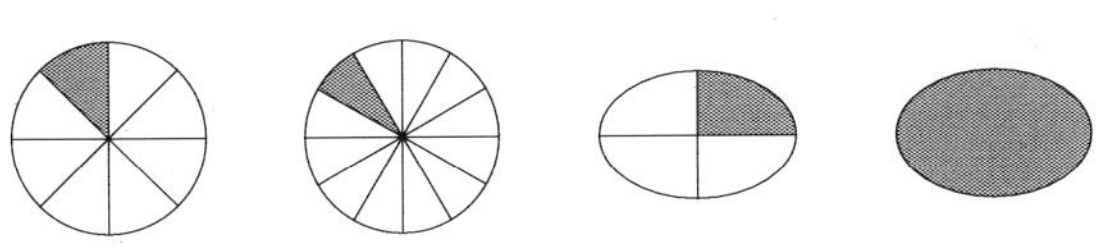

Achtel Zwölftel Viertel Ganzes

(61) Lernkontrolle 1

Name:

❹ Beantworte die folgenden Fragen.

a) Wie nennt man eine Bruchzahl, deren Zähler immer 1 ist? Stammbruch

b) Wie nennt man die Zahl unter dem Bruchstrich? Nenner

c) Was gibt die Zahl über dem Bruchstrich an? Die Zahl über dem Bruchstrich gibt an, wie viele Teile vom Ganzen gemeint sind.

d) Was gibt die Zahl unter dem Bruchstrich an? Die Zahl unter dem Bruchstrich gibt an, in wie viele Teile das Ganze aufgeteilt wurde.

❺ Schreibe als Bruchzahlen.

a)

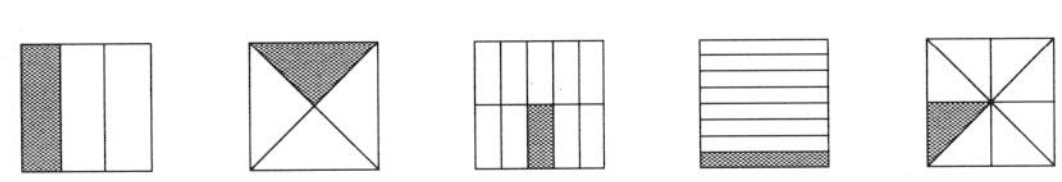

$\frac{1}{3}$ $\frac{1}{4}$ $\frac{1}{10}$ $\frac{1}{8}$ $\frac{1}{8}$

b)

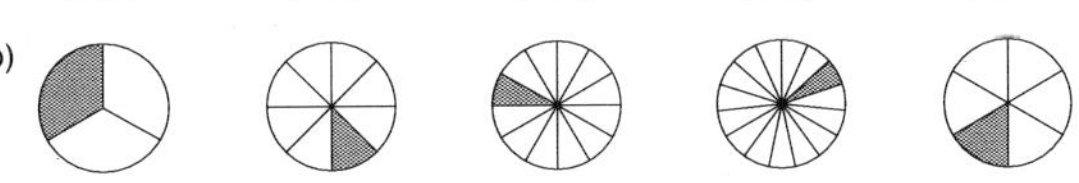

$\frac{1}{3}$ $\frac{1}{8}$ $\frac{1}{12}$ $\frac{1}{15}$ $\frac{1}{6}$

❻ Teile die Figuren in die Bruchteile auf.
Male jeweils ein Teil an.

a) b) c) d)

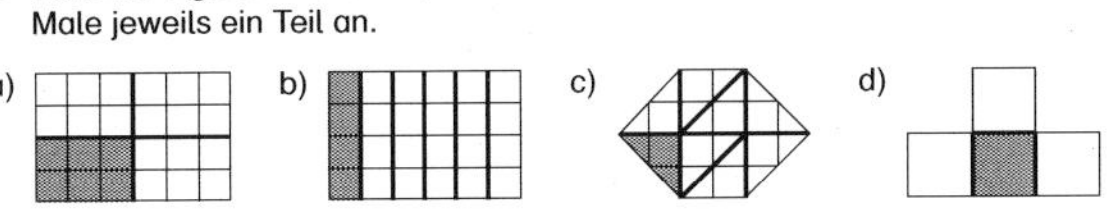

$\frac{1}{4}$ $\frac{1}{6}$ $\frac{1}{8}$ $\frac{1}{4}$

Lösungen

(62) **Lernkontrolle 2** ?

Name: ______ Klasse: ______ Datum: ______

❶ Bestimme Zähler und Nenner.

a) b) c) d)

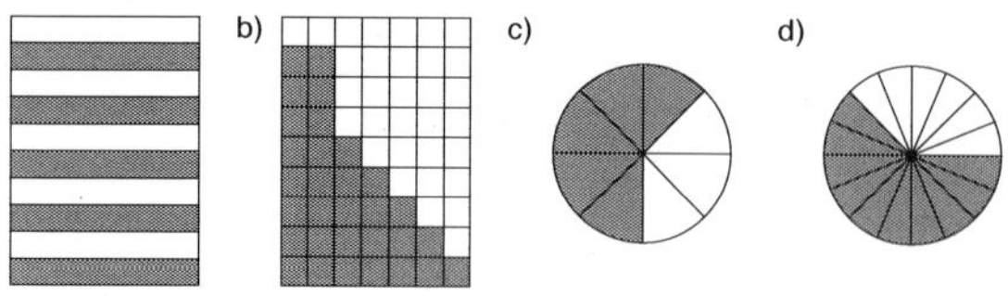

a) Zähler: 5 Nenner: 10

b) Zähler: 31 Nenner: 63

c) Zähler: 5 Nenner: 8

d) Zähler: 10 Nenner: 16

❷ Gib den Anteil der schwarzen Kugeln an.

a) b) c) d)

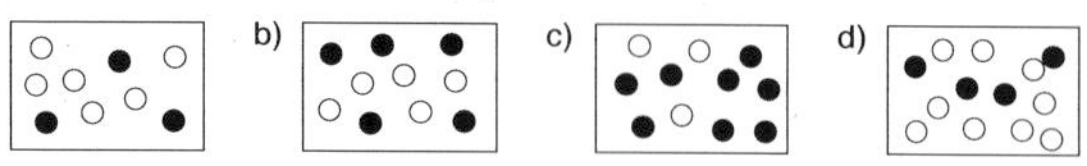

a) $\frac{3}{9}$ b) $\frac{5}{10}$ c) $\frac{8}{11}$ d) $\frac{4}{13}$

❸ Schreibe als Bruchzahlen.

a)

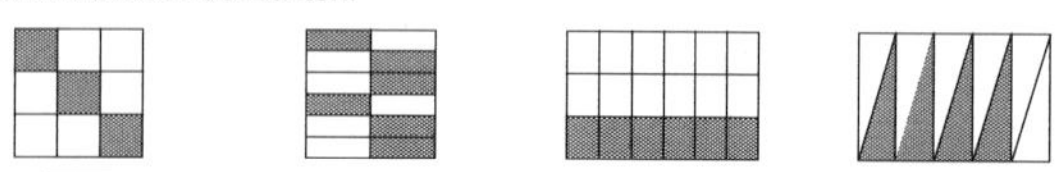

$\frac{3}{9}$ $\frac{6}{12}$ $\frac{6}{18}$ $\frac{4}{10}$

b)

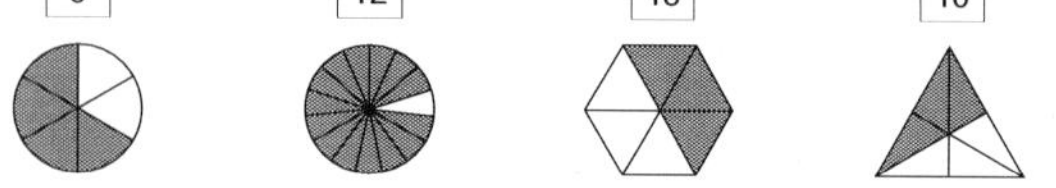

$\frac{4}{6}$ $\frac{14}{15}$ $\frac{3}{6}$ $\frac{3}{6}$

67

(63) **Lernkontrolle 2** ?

Name: ______

❹ Teile die Quadrate in die Bruchteile auf.
Male die angegebenen Bruchteile an.

a) b) c)

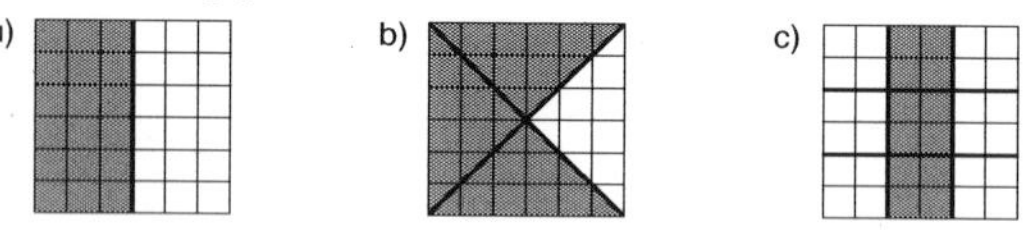

a) $\frac{1}{2}$ b) $\frac{3}{4}$ c) $\frac{3}{9}$

d) e) f)

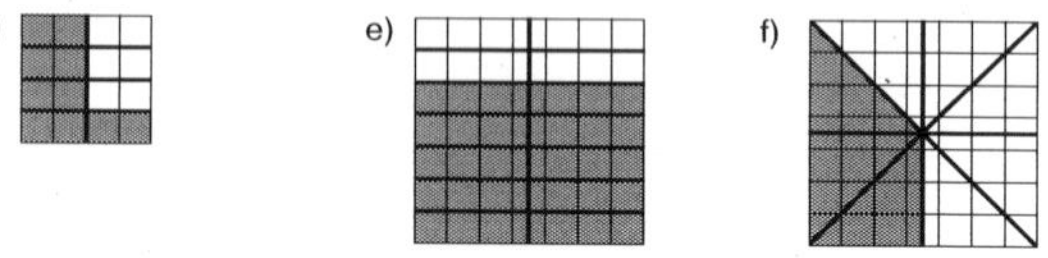

d) $\frac{5}{8}$ e) $\frac{10}{14}$ f) $\frac{3}{8}$

❺ Mutter schmiert Brötchen. Sieben Stück hat sie aufgeschnitten.

Wie viele Halbe sind das? 14 Halbe.

❻ Wandle um.

a) $\frac{10}{3} = 3\frac{1}{3}$ b) $\frac{25}{6} = 4\frac{1}{6}$ c) $7\frac{5}{8} = \frac{61}{8}$ d) $10\frac{5}{11} = \frac{115}{11}$

❼ Male die angegebenen Bruchteile an. Setze (>), (<) oder (=) ein.

a) b) c)

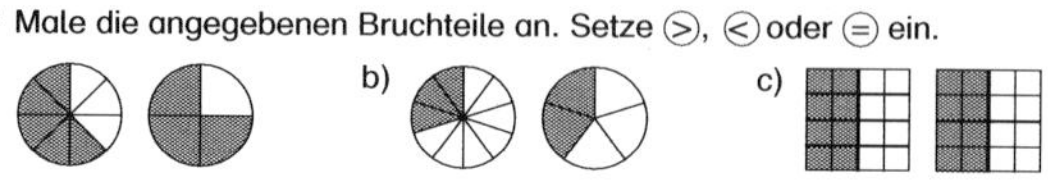

a) $\frac{5}{8} < \frac{3}{4}$ b) $\frac{3}{10} < \frac{2}{5}$ c) $\frac{4}{8} = \frac{2}{4}$

68